# 富腦袋高資產
## 財富創造與財富傳承

劉鎮評 博士 ◎著

晨星出版

## 【推薦序 1】

初次見到副總時，是在一個餐敘場合。

我們比鄰而坐，所以有比較多的時間交談，當我聽到他的求學及工作經歷，我感到非常驚艷，因為他的故事太勵志了，在我分享傳承的演講中，我屢屢鼓舞大家，每個人都要寫下他自己的人生故事，總覺得那才是人生的真義，把一生的經驗分享給大眾。

「一時勸人以口，百世勸人以書」我告訴副總，一百年後我們都已離開地球，但是一百年後的某一天有個40幾歲的年輕人已經有二個小孩，就在他人生十字路口徘徊、躊躇數月，面臨著抉擇工作或終身學業等困擾，而他的老婆也沒能提出什麼建議。

可若某日他在用餐的時候，不經意的瞥見這家餐廳有一個書櫃擺放著一些書，順手拿起書架上第三格左邊數來第十一本書，便隨手翻了幾頁，正好看到副總59歲的時候取得博士的故事，當下他感受到天啟（Apocalypse）時刻激動不已，他的人生頓時有了明確的方向、有了突破困境的勇氣……

我說副總，這不就是我們此生的目的嗎？若我們一生的經驗能成為浮海中的一座燈塔、甚至是一顆星星，協助年輕人能夠找到定位、確立目標而駛出迷茫。這難道不值得我們更加努力嗎？

今聞副總完成他的大作，個人真的非常替他高興，事實上，台灣的中小企業總數超過160萬家，就業人口超過900萬，幾乎快佔我們總人口的一半，每年的營業額高達28兆元，然而這其中有完成傳承規劃的企業竟然只有2%！這其中之原因當然除了我們民風較為保守，拒談生死問題以外，另一個原因應該就是大家對於財富傳承及永續創造工具的認知缺乏，造成大家把富不過三代視為理所

當然，然而我們看看西方的百年企業，卻能繁衍富裕好幾代，西方的企業家早就把傳承工具運用自如！

　　傳承工具常常涉及到法律，真正實踐就更困難了！因為一本法律相關的著作，有時候會因為文字使用的抽象或艱澀而令人不易瞭解或是太多理論闡述缺乏實務的經驗而背離人民法之感情，造成實用性的不足，傳承的議題既深且廣，涉及到的工具涵蓋遺囑、信託、保險、國內外資產配置、稅務、不動產、金融，甚至公司治理，而晚近的閉鎖型公司、黃金股等等項目都是傳承中不可或缺的主角。

　　今拜讀完副總的大作，發現這些工具竟都鉅細靡遺的出現在書中，活生生的實例躍然紙上，在實務上的操作非常有參考價值，而且整本書行雲流水、深入淺出60個案例解析，是副總職場生涯中累積的精華，對財富傳承的實用性實在是太巨大了，還沒讀之前，替副總高興，讀完之後替大家高興，因為這本書對大家，特別是戰後嬰兒潮的我們，幫助實在太大太大了，是一本很難得的工具書。

　　副總職場生涯中也曾出家，與稻盛和夫的經歷如出一轍，這樣一位敬天愛人又具士魂商才的銀行家，能把畢生的學識與經驗，字字珠璣、集成鉅著，身體力行金剛經的法佈施，讓大家在傳承這個議題有正法可循，著實難能可貴，今替副總能夠實踐摩根費里曼在電影露西（Lucy）中告訴女主角露西生命的意義就是分享與傳承以及張載為往聖繼絕學的這個天命感到非常高興也非常榮幸能受邀為序，成功之人傳承財富，實現天命之人立下典範，我會持續推薦這本書給大家，可效法副總把一生的智慧留給下一代，有了本書幫助，相信大家不只事業成功，傳承也能順利，人生也能非常圓滿。

約法國際法律事務所

**陳明正** 律師

　　在台灣這個充滿機會與競爭的時代裡，中小企業的角色顯得相當重要。然而，許多中小企業常常面臨著資金運用不當、資產配置不合理以及傳承問題等困境。如何解決這些問題，實現資產的再生與增值，一直以來都是中小企業主所關注的焦點之一。

　　說到中小企業與金融機構的相互支持，我不得不提起與鎮評副總的相識。十餘年前，我們相遇於東海讀書會，他身兼學術與金融兩個角色身份，當時我對於他的好學不倦以及在金融投資上的見解深感敬佩。

　　益張公司當時仍是公開發行公司，在營運上也有配合多家的金融機構，與鎮評副總任職聯邦銀行是否有相互配合的機會，自然也是後續互相共同討論的議題。鎮評副總的特別之處，是他深知益張的需要與聯邦銀行的優勢，因此不會糾結在利率上的不利競爭，而是轉而運用自身的豐富金融知識與經歷，同時結合聯邦銀行的優勢，因而造就益張公司與聯邦銀行在金融商品往來的深厚配合情誼。

　　益張公司在從家族中小企業轉型的過程中，雖然我本身並非財務會計專科，但我一直認為財務會計對於公司發展的重要性，善用各項財務及會計分析數據，內化成適合的行動策略後，針對各項公司轉型進行投資支持，做資源的有效分配，如此就可以避免過度營運風險狀況的發生，這也是我重視財務會計功能，與大部分台灣中

小企業主思維不同的地方，而這樣的思維邏輯也獲得鎮評副總的高度贊同。

在台灣經濟發展史上，中小企業一直扮演著重要的角色。然而，資產配置、資產增值以及傳承問題一直困擾著這些企業。鎮評副總對於自身成長及社會貢獻的認真態度，使我深受感動，因此我深信，他所著的這本新書《富腦袋高資產：財富創造與財富傳承》，必定能為廣大的中小企業主提供寶貴的參考與啟示。

這本新書匯集了鎮評副總多年的經驗與智慧，將為台灣的中小企業主提供實用的金融智慧。我相信，這本書不僅能幫助他們解決眼前的困境，更能夠指引他們走向更加光明的未來。

最後，我由衷地推薦《富腦袋高資產：財富創造與財富傳承》這本書。相信透過鎮評副總的努力，我們能夠看到更多中小企業在金融運作上的成功故事，也期待這本書能夠為更多人帶來啟發與幫助。

益張實業股份有限公司

黃秀英 副董事長

　　我很高興為聯邦銀行的副總經理劉鎮評博士出版的新書寫推薦序。我和劉博士相識多年，他在東海大學社會學系攻讀博士學位期間，曾修習過我開授的多門課程，我也擔任其博士論文的口試委員。劉博士經常和我討論學術上和實務上的許多嶄新想法、分享工作上突破的喜悅，也因此成為好友至今。

　　由劉鎮評博士親自執筆、逐字寫作的《富腦袋高資產：財富創造與財富傳承》，是一本融匯學理與實務的著作，書中不僅詳細解析了財富創造的資產配置、風險管理等可能作法，更從社會學的角度，深入探討了財富傳承的策略與挑戰。

　　劉博士將有深度的學理知識，以淺顯易懂的方式傳達給讀者們：他先詳細解釋了如何創造財富、如何妥善管理與傳承財富，再經由他工作經驗中接觸過的大量實際案例，讓讀者們能理解學理模式以及實務運作。我還特別想和讀者們分享的，是這本書對財富傳承的探討。劉博士認為，財富傳承並非簡單地將財富交給下一代，而是需要有一套完整的策略與計劃，這包括教育下一代如何理解和管理財富，甚至可能需要建立家族信託等工具，以確保財富能夠順利且長久地傳承下去。因此在全書的內容規劃中，包括了企業家族財富創造與傳承規劃、中小企業家族融資與財務、國內外財富管理等篇章，其中穿插著數十個精彩的案例說明，相信讀者們在專業的智識上與實務的財務規劃上都能有巨大收穫。

總之，《富腦袋高資產：財富創造與財富傳承》是一本非常值得閱讀的好書：它有財金管理的專業知識、有社會學的獨到眼光、更有實務工作中值得參考的寶貴經驗。不論您是否是專業的財務規劃或管理人員，是否肩負著家族企業的傳承責任，只要您對財富管理或理解實務運作有興趣，一定都能從本書中獲得寶貴的知識與啟示，我在此用力推薦。

東海大學副校長　社會學系特聘教授
美國德州大學奧斯汀校區社會學博士

**劉正** 副校長

　　財富「創造」及「傳承」係每一個成功企業家所面臨重要課題，現今多樣化金融理財工具（信託、保險、ETF）、重大公司法修法變動(複數表決權及特定事項否決權之特別股)、重要稅務改革（房地合一2.0、CFC課稅）、跨國性課稅（OBU查稅、CRS實施）及最低稅負制（海外所得、特定保險給付）之實施等等，重大措施對中小企業主產生重大衝擊，財富累積從早期創業財產流入演變至「活化資產」創造二次累積財富及各項租稅節省（如所得稅、遺產稅及贈與稅），上述變革無形中帶動中小企業主如何去了解資產保值、活化資產、企業防火牆措施、稅務變動影響及合法租稅規劃等。本文作者從事金融服務約48年，加上具備管理學碩士、財務管理顧問師與社會學博士，相關學經歷足以做為金融業者之標竿，再加上金融機關服務期間參與及規劃多數中小企業財富創造、資產活化、稅務規劃及資產傳承等，本書彙總作者經手處理及參與各項案件說明，內容詳細及法理適當應用，本書堪稱實務界「葵花寶典」。

　　本文第二篇至第四篇所陳述之內容從企業家族財富創造及傳承說明，提昇至現有融資工具之應用，進而到國內外財富管理，共計分為6個章程以60個案例加以介紹，案例分別以「規劃目的」、「規劃步驟」、「規劃利益」，同時搭配「規劃步驟圖」呈現，內容包含現行公司法（閉鎖型公司及黃金特別股）規劃、合法租稅（遺產稅、贈與稅、房地合一稅）規劃、信託（自益或他益）架構

說明、保險工具適用，國內外（DBU及OBU）資金調度方法介紹、資產活化（含農地）、理財工具（國際債券）之選擇等等，讓讀者可以快速了解自己的需求及未來的規劃方向。一本好書主要係在於作者是否可以融入社會現況，以實務取代理論方式來陳述所有租稅規劃，在風險趨避之原則下，配合相關稅務法令、稅務解釋令及稅務新聞稿等，以合法方式進行租稅之減少，本人係執業會計師，閱讀本書及相關帳載法令後，對作者之相關法令整合（公司法、遺產稅及贈與稅、房地合一、保險法、信託法、理財工具）等實務操作，抱著學習及敬佩之意，推薦本書為中小企業主必讀之財富「創造」及「傳承」聖經。

萬鑫會計師事務所

謝萬華 會計師

# 【自序】

　　吾於15歲進入職場，55年間一路半工半讀，從高商補校至59歲取得博士學位，此期間以學術理論與實務不斷的對話。在職場期間累積了許多協助規劃之案例，不論是資產活化或財富傳承規劃之精典個案。在退休後儘速的整理出書，對中小企業、中小企業主、高資產人士及金融從業人員將有所幫助，相信讀者看了本書後會有所啓發。如此將實務個案與有緣人分享，或許本書的60個案例中某一個案例，剛恰能解決讀者心中問題的答案，是吾出書最想要的共鳴。

　　台灣企業中有98%是中小企業，其中企業主，一直是台灣創造經濟奇蹟的主要參與者，而銀行如何協助企業財務規劃及個人理財規劃，甚至家族傳承規劃，對中小企業或企業主實屬重要議題。有關中小企業在本業成長過程中，週轉資金面臨之問題及如何尋找到資金適切的答案，是本著作所關心的議題。當中小企業在本業或投資房地產創造財富後，如何運用銀行融資的管道，將資產活化的資金提供企業擴大再生產，或供企業主投資在房地產、股票、債券、人壽保險或共同基金等金融資產之實務個案，讓中小企業、高資產人士、企業主或銀行從業人員參考，如何解決企業融資及投資方向實務需求，以達到高資產人士、企業主或中小企業與銀行創造雙贏。

　　有關企業資金需求問題、企業融資規劃、不動產活化之融資規劃及企業傳承規劃；企業主個人財務需求、資產活化及個人理財規

劃等議題及如何解決企業主或高資產人士之相關議題。吾在金融職場48年的實務經驗與從高職至博士10幾年的理論基礎，運用學術專業與實務個案去幫助企業與企業主或高資產人士。促使高資產人士、企業主、中小企業與銀行創造雙贏。如此，以金融專業角度幫助中小企業、企業主或高資產人士財務規劃思考方向，進而運用資產活化去創造財富與傳承規劃議題，最終仍要以本國當時相關法令為依規。本書針對高資產人士、中小企業與企業主之60個精典實務個案加以論述，礙於個資關係，以真實案例加以局部修改以代號呈現，寫成一本實務型參考工具書，提供給高資產人士、企業主與中小企業或金融機構從業人員參考。

本書出版首先要感謝聯邦商業銀行林創辦人榮三及林董事長鴻聯，使作者在職場及學術上的歷練及成長。豐禾形象策略公司劉董事長梓儀封面設計；益張實業股份有限公司黃副董事長秀英、約法國際法律事務所陳律師明正、東海大學劉副校長正及萬鑫會計師事務所謝會計師萬華等的推薦序，胞兄劉淵澄校稿。要感謝的人太多，不再一一的感謝，非常感恩大家的協助。

劉鎮評 博士

2024年5月

# 目錄 Contents

第 1 篇

# 出書的背景、
# 動機與目的

# 第1章
# 出書背景與動機

## 第1節　背景與動機

　　台灣光復至1970年代為農業社會，至1980年代逐漸轉型為工業社會，1990年代更朝資訊、服務產業發展。其金融業之貨幣網路隨著外部環境、政治、經濟、教育、文化等影響而起了變化，因應中小企業主所需，不斷的推出創新之新金融商品，如理財、融資、避險、套利等。銀行如何以金融專業與金融工具配置，協助中小企業提升其競爭力，進而創造財富呢？中小企業主有了財富積累後，銀行又如何以金融專業建議企業主作財富傳承規劃？

　　西方的銀行形態有商業銀行、投資銀行與私人銀行，而台灣銀行業主要形態是商業銀行，台灣沒有投資銀行與私人銀行，是故，企業的籌資與企業主之私人財富規劃與傳承相對受到影響。臺灣中小企業資金來源方面，除自有資本外，向同業上下游之間取得商業資本[1]，也是取得營運資金重要一環；另向銀行業貸款從事擴大再生產，是必要的選項之一。作者從事銀行業48年，觀察到台灣中

---

1　商業資本：是指企業之間的借貸與上下游之間信用的交易，如商場上上下游交易時開出支票，它非見到支票即付款之遠期支票謂之。

小企業屬性絕大部份是屬於中小企業家族，小部份才是朋友間集資，除非成長轉變為大型企業，進而藉由公開發行公司向社會大眾集資，進而由家族企業轉型為上市公司，才逐漸脫離中小企業家族型態。本書探討台灣中小企業主如何運用銀行資金創造財富，並進一步討論中小企業主在財富創造之後，如何安排財富傳承，才能使辛辛苦苦賺的錢能傳承超過三代或百年。

　　台灣中小企業主要的靈魂人物是中小企業主，其實中小企業主為配合法令和社會的結構所需是成立公司，將自然人變為法人化，以取得政府政策性資源的便利性而設立，雖然他們運用股份制的公司法人，但公司實際運作大部份仍是中小企業主一人在做決策。是故，在本書中提到的中小企業與中小企業主，在形式上是同屬一體。因為中小企業相對比較容易取得營運周轉資金，如政府與各銀行合資成立的財團法人中小企業信用保證基金，它可為中小企業信用融資保證，使中小企業更容易取得營運所需週轉資金。尤其台灣法令已將公司法修訂為一人就可設立公司，如此客觀上成立之公司法人資格與自然人之中小企業主間產生高度可移轉性。從作者田野觀察到，除了一些大眾發行公司外，大部份中小企業在公司股份未公開發行之前，中小企業大部份是中小企業主做經營管理決策。作者在文本所提到的中小企業主，常代表中小企業或中小企業家族的決策，也就是它們的轉換體。中小企業主在本業上，不論是本業之生產事業或一般買賣業創造財富後，在國人〈有土斯有財〉的觀念，許多企業主在本業賺到錢後就投資在房地產，若能加上銀行的專業與銀行授信資金配合，投資在都會區之核心房地產，則可創造更多的財富積累。當累積許多財富後，如何規劃財富傳承規劃也是作者關心議題，在本書個案討論將有所著墨加以論述。

# 第2節 作者奮鬥史

首先，作者非常感恩許多幫過我的人，作者才能在59歲完成博士學位，它特別具有意義。因當時已投入職場第42年，也是半工半讀第18個年頭。有人問作者幾歲？作者稱已77歲了，大家多不相信，作者的實際年紀（59歲）加上我半工半讀的時間（18年）合算起來，應該說：人生的長度已有77歲了。作者深覺得生命的可貴，而生命中的時間資源是稀少性，人對於任何目標的設定與達成，做與不做，往往都是在一念之間，作者用一步一腳印完成人生設定的目標。作者工作的經歷已55年，從民國58年，南投商職初級部畢業後至中國造船公司當鐵工技術員，在半工半讀完成高商補校學業，服完兵後65年參加銀行考試分發至第一銀行服務，在職場期間先後完成專科、插班夜大、研究所及博士學位等，此期間都半工半讀完成學術生涯。作者於65年進入當時之省屬行庫之第一銀行，78年商調至合作金庫銀行國外部，於80年再度轉任新民營的聯邦銀行服務。在聯邦銀行服務期間先後完成管理學碩士、財務管理顧問師與社會學博士學位。一個在職研究生，必須兼顧到家庭責任、工作使命以及知識的精進。作者在聯邦銀行副理期間曾有參與佛教短期出家之因緣，佛菩薩加持，使作者能夠如期完成學業，背後還有許多相關人士的支持與協助，包括師長、家人、長官、同事及同學。以及在研究論文寫作過程中，協助個案訪談的60個中小企業與中小企業主們，由於您們的幫忙，所以才能將台灣中小企業由農業社會轉型工業社會，進一步至資訊服務社會的過程予以鋪陳。雖然以一般生身份就讀東海大學博士班5年中，只佔作者人生歲月的一小段，但卻是我一生中最大的智慧啟發，也讓作

者體會到，活到老、學到老，終身學習的充實感。當作者積極投入東海大學社會學博士研究的時候，銀行的長官、師長的指導、同學互勉與同事的包容，以及家人的支持，其過程雖艱辛，但卻情感交融，且充滿挑戰。

東海大學博士班的研究生涯中，最為吃力的是英文，因所有文本多是英文版，由於作者初中畢業後就上班，所以英文基礎停留在國中程度，在博士班的學習過程中同時聘請兩位（中與外籍）英文家教，用3年時間，從最基礎的背單字＞背片語＞背句子＞背文章，當背誦完50篇英文文章後，英文門檻終於突破。在5年的博士班生涯中，一方面在銀行當專業經理人，一方面修課、補習英文、在大學兼課及作學術研究，時間不過用，所以每天須清晨3點多就起床作研究，怕中途睡著了，就跪著閱讀學術文本，5年如1日每天全力以赴，才順利完成博士學位。

作者在博士班的研究生涯中，仍在聯邦銀行第1線經理人，各項業績常名列前矛，尤其是拿到博士學位後任職第1線經理人，2017年間派北台中分行協理一職，作者由消費金融分行改制為企業金融全功能分行，在3年間每個月辦一場說明會，將所學知識理論與實務結合，協助解決客戶各項所需，尤其針對中小企業、企業主或高資產客戶之資產活化與財富傳承規劃之建議，取得客戶的任賴，為客戶與銀行創造雙贏。進而使銀行各項業務有所助益，業績表現優異，常名列全行前3名。當時已68歲退休年齡，被愛才之董事長提升副總經理，任中部業務督導職務，做教練式傳承給中部團隊，為每一分行舉辦說明會之主講人，另與分行主管一同協訪重要客戶，將所學進一步服務中部地區聯邦銀行客戶。但隨著歲月的增長，年紀已70歲了，於113年4月1日退休之際將幾十年的實務經

驗，透過學術論述以60個案結成書回饋社會。

　　以下是作者相識47年的老長官，也是深交的朋友，陳博士崇博對作者一生經歷的「提詩」，及作者回應文，陳述如下：

### 陳博士崇博致作者提詩

昔日船業一童工，今躍產學達尖峯
五十歲月日夜勤，功成名就人稱頌
畢生精華結成書，造福工商及後進
年已七旬有福報，諒必累世積資糧

### 作者提詩回應陳崇博兄

昔日台船一童工，十七歲月夜苦讀
二十三歲入銀行，短期出家識因果
無私奉公盡心力，功成榮膺副總職
大學任教獲佳評，產學雙棲人稱頌
感恩上天賜福報，今亦用心累資糧

# 第 2 章
# 出書的目的

　　台灣有98%是中小企業[2]，在中小企業成長過程中，週轉資金面臨之問題及如何尋找到資金適切的答案？當中小企業在本業或投資房地產創造財富，之後如何運用銀行融資的管道，將資產活化的資金提供企業擴大再生產，或供企業主投資在房地產或股票、債券與共同基金等金融資產之實務個案，讓高資產人士[3]、企業主與中小企業或金融從業人員參考，如何解決企業融資及財管需求，以達到高資產人士、企業主或中小企業與銀行創造雙贏。

　　有關企業資金需求問題、企業融資規劃、不動產活化之融資規劃及企業傳承規劃；企業主個人財務需求、資產活化及個人理財規劃等議題及如何解決企業主或高資產人士有關財富創造與財富傳承相關議題。作者在金融職場48年的實務經驗與從高職至博士10幾年的理論基礎，運用學術專業與實務個案去幫助企業與企業主，使高資產人士、企業主或中小企業與銀行創造雙贏。如此以金融專業

---

2　中小企業：公司登記實收資本額在新台幣1億元以下，或經常僱用員工數未滿200人之事業。

3　高資產人士：總資產達新台幣1億元以上，或銀行可投資淨資產達新台幣3,000萬元以上。

角度幫助中小企業、企業主或高資產人士財務規劃思考方向，進而運用資產活化去創造財富與傳承規劃。作者在職場協助高資產人士、中小企業與企業主有60個精典案例，寫成一本實務參考書，提供給高資產人士、企業主、中小企業或金融從業人員參考。

第 2 篇

# 企業家族財富 創造與傳承規劃

台灣近幾10年來中小企業在本業賺了許多財富，將該財富購買房地產而增值，累積了不少的財富，第1代的企業主多已6、70歲了，開始思考財富傳承的議題，在現有法規下，如何做好傳承規劃，是企業主或高資產人士必須面對的議題。西方貴族財富傳承常運用家族憲法、家族辦公室與家族委員會等工具。我國人比較喜歡買房地產贈與給下一代，隨著房地合一稅2.0稅制的改變，房屋持有稅也加重了。是故，企業家族財富傳承要提早妥善安排，是留給家人最好的禮物，它包括家族精神與文化傳承、股權傳承、土地與現金傳承等。國人財富傳承常運用三個重要工具：遺囑、保險與信託（三者環環相扣，缺一不可），茲對以上三者加以說明之

## 1. 遺囑[4]：

我國遺囑有五種方式，及其必須的要件如下：

自書遺囑：須親筆並簽名並押日期。

公證遺囑：二人以上見證人，須簽名或指印。

密封遺囑：二人以上見證人，須簽名（含遺囑、封口處與封面）。

代筆遺囑：三人以上見證人，須簽名或指印。

口授遺囑：二人以上見證人，見證人須簽名，本人不必簽名。

口授遺囑可分為筆記口述及錄音口授（見證人須於密封處簽名）。

---

4　陳明正律師，2023江山不留給後人愁：時報出版社。

## 2.保險：

　　作者認為購買人壽保險的意涵，是以人的生命價值創造財富。Zelizer[5]認為購買保單理由：能將生命創造財產與提供財富給未來的家人或自己，是一種最有益的金融投資工具。

　　我國人購買人壽保險的功能如下：

- 人壽保險以生命創造財富，高保障保單，使資產倍數增長。
- 指定受益人不受遺產分配的限制。
- 要保人有控制權，可隨時更改受益人或受益比例。
- 運用最低稅負制度，將應稅資產轉為免稅資產。
- 運用人壽保險規劃，預留稅源。

　　以上若透過人壽保險作財富創造與傳承，仍需了解法令的意涵，雖然保險法112條及遺贈稅法16條第9款：約定於被繼承人死亡時，給付其所指定受益人之人壽保險金額、軍公教人員、勞工或農民保險之保險金額及互助金不計入遺產總額。但仍要以風險規避為主軸，而不是節稅為前提，不得違反實質課稅原則9大態樣，如下：

如重病投保、薑繳投保、舉債投保、高齡投保、短期投保、鉅額投保、保險給付額約當已繳保險費加計利息金額（一般稱為儲蓄險）及要保人、被保險人非同一人等九大態樣情況，將認定為有避稅之嫌。因此，最好掌握趁早投保、定期繳費、指定受益人等訣竅。

---

5　Zelizer, Viviana A. Rotman
　　1979 Human Values and the Market: The Case of Live Insurance and Death

## 3.信託：

　　西方在19世紀中就有教會協助信託業務，Zelizer[6]指出，1840年美國發展信託業，信託人老了或失能時期，受託人去管理其財產或去照顧年幼或無行為能力小孩。我國於民國90年也信託立法通過，信託主要關係人：信託人、受託人、受益人與信託監察人。信託人可將財產移轉給受託人管理與處分，當信託財產移轉登記在受託人名下後，與受託人的財產是分開的，不會因受託人之信用而受影響。另信託人將財產信託後產生的債務不受影響；也就是做生意失敗，信託財產是不會被查封與拍賣；尤其第1代財產提早移轉給第2代時，不論是現金、保險或股權，多可透過信託機制來保全財產。舉一個保險金信託案例：某甲（第1代）55歲時，購買保障型10年期繳人壽保險，規劃要保人與被保險人為某甲，受益人為阿明（第2代，21歲），再以保單受益人第2代為信託人辦理信託。信託人及受益人為第2代阿明（自益信託），受託人為銀行，信託監察人為第1代或指定妥適第3者。如此提早規劃，第1代運用人壽保險將生命價值創造財富，再透過信託機制，保險理賠金作為預留稅源或保障第2代財產（如下圖2-1）。

6　Zelizer, Viviana A. Rotman
　　1979 Human Values and the Market: The Case of Live Insurance and Death

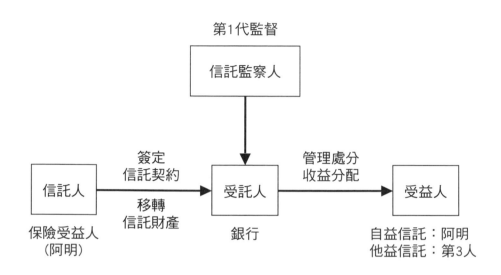

**圖 2-1　保險金信託關係人圖**

# 第3章
# 高資產人士財富創造與傳承案例

　　台灣中小企業主近幾十年競競業業的打併，累積了不少的財富，若中小企業主有將所賺的錢投資大都會區的房地產，或大都會區的都市計劃內的農地，當土地重劃時，則可創造更多財富。若中小企業主有進一步思考模式，將原有的不動產加以活化，也就是將原不動產提供銀行設定抵押權，借來的錢再作投資，隨著通貨膨脹，貨幣貶值下，投資在都會區的房地產的價值不斷的提高，進而創造更多的財富。另也有將房地產資產活化，投資金融資產，如投資在投資等級公司債券[7]或上市櫃績優股票，所分配的債券息或股息，再購買保障型人壽保險，因人壽保險是以人的生命價值創造財富，人壽保險具高保障功能，使資產倍數增長。

　　茲將幾個精典實務個案分述如下：

---

7　投資等級公司債券：係信用評等在BBB以上之公司債券。

## 高資產人士 BB 君擁有建地，另地上建物為 A 家族公司名下，創造負債，投資房地產案例（本案例應依當時政府法令為依規）

**案例背景**　高資產人士 BB 君（第 1 代）66 歲，每年租金收益 240 萬元，名下擁有土地價值 1 億元，該建地上之建物所有權為 A 公司，今 BB 君小孩（第 2 代，35 歲），他計劃未來投資 4,000 萬元農地，該如何規劃？

### 規劃目的

1. 將第 1 代與 A 公司不動產，提供給銀行設定抵押權取得資金，作投資或傳承第 2 代。
2. 第 1 代購買農地贈與第 2 代，農地農用 5 年免贈與稅。

### 規劃步驟

　　若購買農地農用之農地，以 BB 君（第 1 代）擔任為借款人，提供名下土地及 A 公司建物作為擔保，申請以個人投資理財名義借款（只繳息），先投資理財商品，等看到中意農地後，贖回部份所投資金融商品，再將部分資金匯去其他銀行繳付購買土地款項。等過戶後，再將所購買農地農用之農地，贈與給 BB 君小孩（第 2 代），該受贈與之農地農用之農地 5 年不得變更使用與買賣，才可達節稅效果（免課贈與稅）。

茲因A公司擁有建物所有權，須徵取A公司為連帶保證人，應注意以下要點：

(1)公司章程要標註：得對外保證。

(2)徵取A公司董監事會議決議錄，載明提供不動產予BB君借款，並擔任該筆借款之連帶保證人。

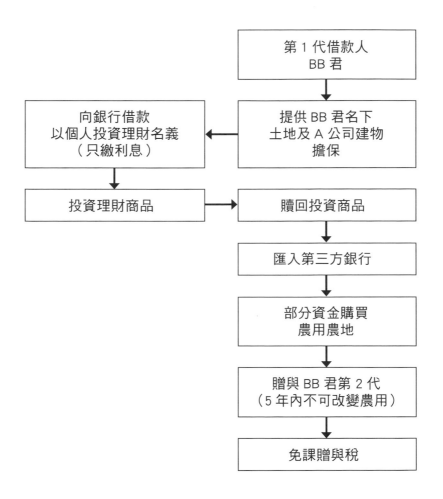

**圖3-1　規劃步驟圖**

規劃利益

1. 高資產人士可利用第1代土地與A家族公司之資產活化，運用借款創造負債及購買農地農用贈與第2代，達到財富傳承效果。

2. 高資產人士BB君若作規劃，融資與金流須透過銀行，如此銀行可增加存款、授信及財管業務往來、將可增加利息與手續費收入等。

## 高資產人士DD君（第1代），如何協助第2代購買開業用之店面案例

**案例背景** 高資產人士DD君（第1代）為地方知名牙醫師，每年贈與免稅額244萬元給第2代，第1代擁有未設定抵押權之房地產，欲以小孩（第2代）名義（該第2代剛牙醫實習結束，準備開業，尚未有明顯所得收入）購買5,000萬元之店面開業用（屬台中高價住宅依法規只可借買價4成），DD君如何規劃，才不會有稅務風險？

### 規劃目的

1. 第1代透過每年贈與244萬元給第2代，創造第2代之信用及降低第1代財產。
2. 第1代提供房地產設定抵押權給第2代貸款，創造第2代金流。
3. 第2代財富逐漸增加，降低第1代遺產稅基。

### 規劃步驟

1. 父母運用每年免稅額各贈與244萬元給小孩，創造第2代之信用及降低第1代財產。
2. 第1代提供自己名下不動產予第2代貸款，以個人投資理財名義借款，投資金融商品，當看到中意房地產，再將投資款贖回後，將部分金額匯去交付房屋自備款。

3. 當購買開業用之房地產時,至銀行承作購屋貸款。借款人(第2代)尚無明顯收入,若購買超過5,000萬元之高價住宅,第2代收入不高情況下,償還能力顯有不合常理,DD君(第1代)作為保證人,並以第2代未來執業收入、第1代每年贈與給第2代244萬元之款項及投資收益等,作為償還來源。

4. 銀行仍須要符合法規:原往來銀行只承作投資週轉金,建議同時不要承作購屋貸款,因投資週轉金與購屋貸款都在同一銀行承作,很明顯的會與政府政策相違背(高價房屋只可承作購屋貸款4成,不可再以任何名義搭配貸款),銀行不應為做業績而疏忽法規。第3方銀行只承作(步驟3)之購屋貸款支付尾款。

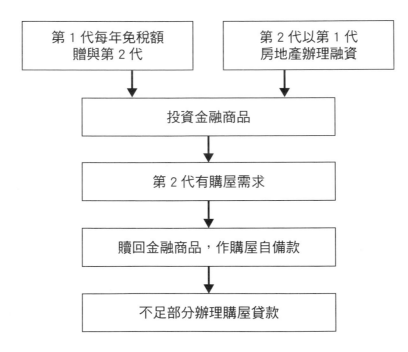

**圖3-2　規劃步驟圖**

5. 本案第1代可提供自己名下不動產予第2代貸款，個人投資理財名義借款作投資理財商品，如配置海外投資等級公司債、共同基金或穩定配息優質上市股票等金融商品，當看到中意房地產時，再贖回部份金融商品，去當購屋頭期款，不可在買房時才承作貸款當自備款，如此才不會牴觸法規之本意。

規劃利益

1. 第1代可運用每年贈與免稅額贈與第2代創造現金流，也相對降低第1代財產淨額。
2. 高資產人士DD君（第1代），可運用自己之財產提供第2代融資，取得資金作投資之用，進而創造財富，以免第1代財產越累積越來越多，增加遺產稅賦。
3. 所有現金流須經過銀行，若銀行取得客戶的信賴，可增加黏著度，進而增加放款、財管與存款等各項業務往來機會。

## 案例 3

### 高資產人士110年7月1日新制房地合一稅2.0 後，贈與現金予第2代，代替贈與不動產案例（本案 例應依當時政府法令為依規）

**案例背景** 70歲JJ君（第1代）於108年10月將持有大都會透天厝（105年3月用1,000萬元購入）市價1,500萬元，該房地產之土地公告現值與建物評定現值合計600萬元，贈與兒子（第2代為建築師，年所得350萬元）時，超過年度贈與免稅額部份，已繳納贈與稅10%。JJ兒子（第2代）又於110年8月將不動產出售，出售金額為2,600萬元，試問應繳納多少稅？JJ君贈與房屋給兒子作法恰當嗎？若不恰當，什麼建議較為妥適。

### 規劃目的

1. 第1代贈與現金給第2代，較贈與房子佳，可節省第2代將受贈房子賣出時房地合一稅。
2. 第1代在贈與不動產前資產活化創造負債，將可降低贈與稅。
3. 第2代可將第1代贈與現金，購買人壽保險，分6年繳付保費，受益人為第3代，達財富傳承效果。

### 規劃步驟

1. 本案例主要說明（第1代）贈與現金給（第2代），較贈與房子規劃較好。

2. 因房地合一稅2.0於110年7月1日新制上路，第2代出售不動產，因持有日期未逾2年，應課徵45%稅率，且當初係以第1代贈與取得，該成本為600萬元，故應被課徵房地合一稅886.5萬元【（出售價格2,600萬元－受贈成本600萬元－出售費用[8] 30萬元）×45% ＝ 886.5萬元】。

3. 由於JJ君（第1代）對稅法觀念缺乏，將不動產以土地公告現值贈與方式予第2代，因以時價（土地公告現值及建物評定價值）非市價，導致第2代出售不動產被課徵許多冤枉稅。

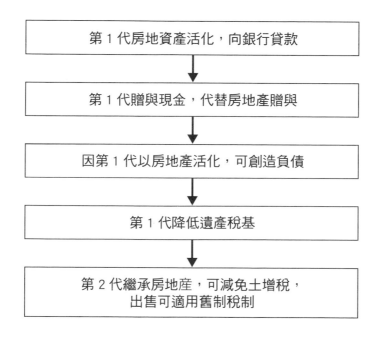

**圖3-3　規劃步驟圖**

---

8　出售費用：出售費用是出售價格3%，但最高上限30萬元。

建議：

1. JJ君（第1代）可選擇贈與現金予第2代，代替贈與不動產。

   JJ君（第1代）亦可贈與不動產前資產活化創造負債，待贈與事實發生時可扣除銀行貸款金額後才核算贈與稅，以降低贈與稅。

   舉例：JJ君（第1代）不動產銀行貸款800萬元

   應納贈與稅：600萬元（贈與總額）－免稅額（244萬元）－800萬元（銀行負債）≦ 0

2. 第2代亦可運用父母贈與現金購置不動產，當不動產出售時，以購置之市價去當成本，而非以贈與土地之公告地價當成本，當出售時才不會被課較高的稅，才可提升獲利。

   第2代為建築師，所得足以繳借款本息；建議第2代，從第1代受贈之不動產，若時間允許，應待持有時間超過5年（稅率20%，取代2年內稅率45%）再出售，避開房地合一稅2.0，未持有5年內所增加之高稅率。若採2年內出售，則在2年內須重購自用自宅房地產，若重購自用自宅房地產購買金額大於原出售價2,600萬元，原被課徵房地合一稅886.5萬元，可以申請全額退稅。

👍 **優點：**

1. JJ君（第1代）運用資產活化，資金用途為分年贈與至第2代，銀行增加授信往來。JJ君也可運用創造負債，降低未來贈與不動產所產生之贈與稅，或當作未來遺產稅之減項。

2. 第2代可運用受贈款項當購置不動產之頭期款項，之後再透過每年受贈款將房屋貸款陸續償還，如此規劃，第2代能增加資產，還清負債，銀行亦能增加授信往來。

3. 另一選項，第2代可運用受贈款規劃購買6年以上期繳保障型保險商品，第2代為要、被保險人，第3代為受益人，運用最低稅負制度，每一申報戶3,740萬元免稅額內，如此可由第1代傳承至第3代，可節省遺產稅。銀行亦可增加財管業務往來及收益，創造雙贏局面。

　　JJ君若運用資產活化，投資外國債或投資優質股票等穩健金融商品，他將可創造穩定現金流，銀行亦可增加財管及證券業務往來。

**案例 4**

## 高資產人士第1代透過遺囑規劃遺產，仍不可
## 對抗特留分，那該如何規劃之案例（本案例應依當時政
府法令為依規）

**案例背景** KK君（第1代）64歲，配偶已離世，有子女6人【5位女生、
1位獨子B君（第2代）30歲】，KK君（第1代）名下有存款
5,000萬元，與持有30年市價合計約5億元之房地產（土地公告現值
加計建物評定價值約2億元），B君（第2代）長期照顧KK君（第
1代），KK君（第1代）有意生前將名下資產先過戶予B君（第2
代），假設B君（第2代）名下有存款2,000萬及房地產市價3,000
萬元（無設定抵押權），應如何規劃建議？可透過法院公證遺囑？

**規劃目的**

1. 運用遺囑規劃遺產，仍要考慮其他繼承人特留分。

2. 可透過除每年244萬免稅額度外，再向國稅局申報贈與2,500萬元
   （以每年贈與稅率10%代替未來遺產稅率20%）快速贈與至下一
   代。

3. 規劃第1代為要、被保險人，購買6年以上多年期繳保障型人壽
   保險，第2代為受益人，將生命價值創造財產留給後代。

4. 第2代將第1代贈與款項，購買6年以上多年期繳保障型保險，
   創造保障倍數後傳承至第3代。

5. 規劃以繼承取代生前過戶。

**解析：**

## 1. 法院公證遺囑：

　　KK君（第1代）名下市價5億元房地產，欲傳承給兒子B君（第2代），可透過法院公證遺囑方式，指定受遺贈人為B君（第2代），惟遺囑不可對抗特留分，需留意KK君（第1代）往生時，遺產繼承5位姐妹各有1/12特留分，合計有特留分共5/12。

## 2. 降低遺產稅額、須準備特留分資金：

　　規劃KK君（第1代）市價5億元房地產應資產活化創造負債約2億元，除可做為未來計算遺產稅基之減項外，透過每年向國稅局申報贈與2,500萬元（以贈與稅率10%代替，未來遺產稅率20%）快速贈與至B君（第2代），未來可運用該受贈款項，給予姊妹應得特留分之金額。

現金5,000萬元規劃：

1. 保留一部分資金，作未來資產活化創造負債，所應繳之貸款本息。

2. 部分資金可每年於贈與稅額度244萬元內贈與B君（第2代），可為B君規劃購買6年以上期繳保障型保險商品，運用最低稅負制度，於3,740萬元免稅額內，填妥指定受益人為第3代。

3. KK君（第1代）存款部份，可規劃購買6年以上期繳保障型保險商品，運用最低稅負制度，於3,740萬元免稅額內，指定受益人為B君（第2代）。

一、現金部分

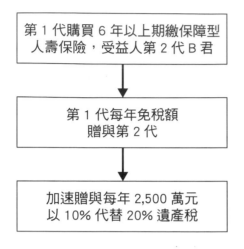

| 第 1 代購買 6 年以上期繳保障型人壽保險，受益人第 2 代 B 君 |
| 第 1 代每年免稅額贈與第 2 代 |
| 加速贈與每年 2,500 萬元以 10% 代替 20% 遺產稅 |

二、不動產部分

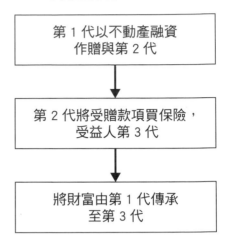

| 第 1 代以不動產融資作贈與第 2 代 |
| 第 2 代將受贈款項買保險，受益人第 3 代 |
| 將財富由第 1 代傳承至第 3 代 |

三、遺產部分

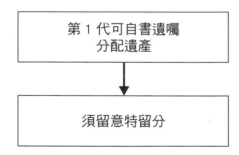

| 第 1 代可自書遺囑分配遺產 |
| 須留意特留分 |

圖 3-4　規劃步驟圖

👍 **優點：**

1. KK君（第1代）運用資產活化，創造負債，做為未來計算遺產稅基之減項，逐年贈與至第2代，在未贈與之前，可投資較穩健之投資等級外國債或投資等級共同基金等金融商品，以創造穩定現金流，作繳付借款利息之來源。

2. KK君（第1代）運用自有資金，及B君（第2代）接受第1代贈與款項，規劃購買6年以上期繳付保障型保險商品，銀行可增加財管業務往來及收益。

3. B君（第2代）可運用資產加以活化，投資外國債、投資等級公司債共同基金或優質股票等較穩健金融商品，使客戶創造穩定現金流，銀行亦可增加放款、財管及證券等業務往來。

## 高資產人士ＡＡ君運用資產活化創造負債，作財富傳承規劃案例（本案例應依當時政府法令為依規）

**案例背景** 113年間高資產人士ＡＡ君68歲，喪偶，有2個小孩分別為牙醫師與會計師，各為40及38歲，4個孫子，名下有存款500萬元外，另有土地市價8,000萬元（公告現值4,000萬元，無借款），是否需要作遺產規劃？如何運用資產活化，創造負債2,500萬元及財富傳承規劃？

**規劃目的**

1. 第1代運用資產向銀行借款，創造負債贈與第2代，可達降低遺產稅效果。
2. 第2代可將每年受贈與款項，規劃6年以上期繳保障型人壽保險，可創造保障倍數傳承至第3代。

**規劃步驟**

### 1. 規劃前

AA君若未作規劃，以113年資產估算，遺產總額為4,500萬元，免稅扣除額為1,333萬元，遺產淨額為2,917萬元，遺產淨額以10%應課徵遺產稅291.7萬元。

> **計算式：**
>
> 遺產總額＝土地公告現值4,000萬元＋存款500萬元＝4,500萬元
>
> 免稅扣除額＝免稅額1,333萬＋喪葬費138萬＋兩小孩扣除額112萬＝1,583萬元
>
> 遺產淨額＝遺產總額4,500萬元－免稅扣除額1,583萬元＝2,917萬元
>
> 遺產稅＝遺產淨額2,917萬元×10％＝291.7萬元

**2. 規劃後：**

本個案創造負債，分年作贈與，尚未贈與之款項，因個人投資風險承受度有所不同投資報酬率有所不同，但建議投資比較穩健之台灣50等優質股票或海外投資等級公司債等，本個案假設投資報酬率為4.5%計算；另因個人信用度不同，貸款利息也有所不同，本個案假設貸款利息2%，銀行貸款開辦費與火險等相關費用以5萬元為計算基礎。

建議AA君創造負債，作投資和贈與第2代，由AA君擔任借款人，提供名下不動產，申請投資理財週轉金額度2,500萬元，資金用途：投資週轉金與贈與，資金用途除每年可贈與244萬元至第2代外，另投資金融商品（以投資等級公司債、投資等級公司債共同基金或台灣50等績優高殖利率股票）為標的，如此，經過10年可創造負債2,444萬元贈與下一代，達節稅效果。

> **計算式：**
>
> 借款2,500萬元，經10年贈與後餘額＝2,500萬元－（244萬元×10）＝56萬元

每年借款贈與後餘額作投資公司債或股票之報酬率4.5%＝521.1萬元，
如下表：

**投資報酬表**

單位：萬元

| 年期 | - | 第1年 | 第2年 | 第3年 | 第4年 | 第5年 | 第6年 | 第7年 | 第8年 | 第9年 | 第10年 | 合計 |
|---|---|---|---|---|---|---|---|---|---|---|---|---|
| 投資金額 | 2,500 | 2,256 | 2,012 | 1,768 | 1,524 | 1,280 | 1,036 | 792 | 548 | 304 | 60 | |
| 投資報酬 | 4.50% | 101.52 | 90.54 | 79.56 | 68.58 | 57.6 | 46.62 | 35.64 | 24.66 | 13.68 | 2.7 | 521.1 |

**10年貸款利息500萬元＋銀行手續費與火險費等5萬元＝505萬元**

> **計算式：**
>
> 10年銀行貸款利息2,500萬元×2%×10＝500萬元
>
> 遺產總額＝土地公告現值4,000萬元＋存款500萬元－2,500萬元＋56萬元＋521.1萬元－505萬元＝2,072.1萬元
>
> 免稅扣除額＝免稅額1,333萬＋喪葬費138萬＋兩小孩扣除額112萬＝1,583萬
>
> 遺產淨額＝遺產總額2,072.1萬元－免稅扣除額1,583萬元＝489.1萬元
>
> 遺產稅＝遺產淨額489.1萬元×10%＝48.91萬元

1. 第2代可將每年受贈與款項，規劃：10年期繳付之保障型人壽保險商品，要、被保險人為第2代，受益人為第3代。如此可將第1代財富傳承至第3代，且第2代38歲、40歲之年紀，若以40歲購買保障型10期繳人壽保單，宣告利率3.25%，則可創造2.1倍之保障倍數，至80歲則可達3.2倍保障倍數，創造財富傳承至第3代。

以40歲購買保障型10期繳人壽保單年繳費100萬，宣告利率3.25%，
2.1倍之保障倍數：

計算式：

100萬元×10×2.1＝2,100萬元（40歲投保時之保障倍數2.1倍）

100萬元×10×3.2＝3,200萬元（40歲投保至80歲時之保障倍數3.2倍）

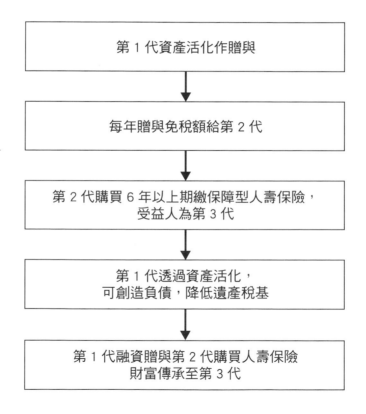

第 1 代資產活化作贈與

每年贈與免稅額給第 2 代

第 2 代購買 6 年以上期繳保障型人壽保險，
受益人為第 3 代

第 1 代透過資產活化，
可創造負債，降低遺產稅基

第 1 代融資贈與第 2 代購買人壽保險
財富傳承至第 3 代

**圖3-5 規劃步驟圖**

| 規劃利益 |

1. 高資產人士利用資產活化，有效運用借款創造負債及贈與第2代，經規劃後可節省遺產稅242.79萬元（291.7萬元－48.91萬元），達節稅效果。

2. 第1代向銀行借款創造負債後，分年贈與第2代，第2代再繳付10年期人壽保險，（要、被保險人為第2代，受益人為第3代），創造更多的財富傳承至第3代，如此運用人壽保險規劃可達2至3倍不等的財富傳承至下一代。

3. 本案例AA君存放款與投資等業務均透過銀行，銀行可增加授信、財管業務及手續費收入，另AA君也可作資產活化創造財富與財富傳承效果，經規劃後AA君與銀行多有利益，進而創造雙贏。

## 高資產人士運用資產活化，創造負債，運用免稅額每年贈與244萬元，另存款部份規劃人壽保險達財富傳承效果。（本案例應依當時政府法令為依規）

**案例背景**

高資產人士HH君50歲，有3個小孩，擁有存款1億元，3筆不動產市價1億元，公告現值4,000萬元（土增稅1,500萬元），以該不動產之資產活化向銀行貸款5,000萬元，運用每年贈與免稅額，作投資海外投資等級公司債共同基金與海外投資等級公司債等。

**規劃目的**

1. 運用資產活化，創造負債，規劃每年贈與免稅額244萬元，達節稅傳承效果。
2. 現有存款部份，可運用最低稅負制度，每一申報戶享有3,740萬元免稅額，規劃分期繳保障型保單傳承下一代。

**規劃步驟**

　　本個案創造負債，分年作贈與，尚未贈與之款項，因個人投資風險承受度有所不同投資報酬率有所不同，所有金融投資多有風險。但建議投資比較穩健之海外投資等級公司債或台灣50等優質股票等，本個案假設投資報率定為4.5%計算；另因個人信用度不同，貸款利息也有所不同，本個案假設貸款利息2%，銀行貸款開

辦費與火險等相關費用以10萬元為計算基礎。

1. 存款部份：1億元

   存款部份可運用最低稅負制度，每一申報戶3,740萬元，運用10年分期繳人壽保單（保障型），要、被保險人為HH君（第1代），受益人為子女（第2代）。本案例規劃以夫、妻各自為要、被保險人，3個小孩為受益人購買10年期繳保障型人壽保險。

2. 不動產資產活化，將不動產抵押給銀行作個人投資理財貸款，資金用途：贈與與投資週轉金，以每年贈與，尚未贈與前之資金可作投資優質股票、海外投資等級公司債共同基金或海外公司投資等級債券，創造較穩定的現金流。

**HH（第1代）夫婦經10年，每年各贈與244萬元給小孩（第2代）。**

**計算式：**

第1代夫婦，每年各贈與共10年：244萬×2×10＝4,880萬元

**每年借款贈與後餘額作海外投資公司債或優質股票之報酬率4.5%＝1,042.2萬元，如下表：**

### 投資報酬表

單位：萬元

| 年期 | - | 第1年 | 第2年 | 第3年 | 第4年 | 第5年 | 第6年 | 第7年 | 第8年 | 第9年 | 第10年 | 合計 |
|---|---|---|---|---|---|---|---|---|---|---|---|---|
| 投資金額 | 5,000 | 4,512 | 4,024 | 3,536 | 3,048 | 2,560 | 2,072 | 1,584 | 1,096 | 608 | 120 | |
| 投資報酬 | 4.50% | 203.04 | 181.08 | 159.12 | 137.16 | 115.20 | 93.24 | 71.28 | 49.32 | 27.36 | 5.40 | 1,042.2 |

**10年貸款利息1,000萬元＋銀行手續費與火險費等10萬元＝1,010萬元**

計算式：

10年銀行貸款利息5,000萬元×2％×10＝1,000萬元

房地產之遺產稅基＝4,000萬元公告現值－5,000萬元貸款+1,042.2萬元

金融投資收益－銀行利息及銀行的手續費等費用1,010萬元＜0

效果：

1. 夫妻透過銀行貸款每年贈與：244萬元×2＝488萬元×10年＝4,880萬元

   10年省遺產稅稅基＝4,880萬元，若遺產稅率20%＝976萬，每年省97.6萬，每月省8.13萬。（10年可省遺產稅488萬元×20%×10＝976萬元）

2. 土地用繼承，土增稅為0，節省土增稅（1,500萬元），創造負債，降低遺產稅基。

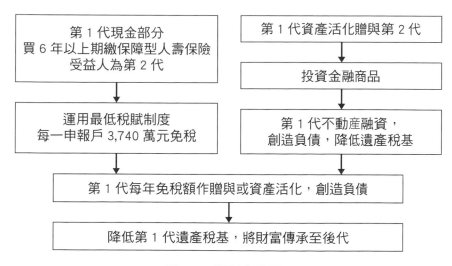

**圖3-6　規劃步驟圖**

👍 優點：

1. HH君現有存款部份可運用最低稅負制度，每一申報戶3,740萬元，以6年以上期繳保障型人壽保單規劃，達合法節稅與人壽保障倍數創造財富。

2. 中小企業主第1代可運用資產活化，創造負債贈與第2代，降低遺產稅，達節稅傳承效果。

3. 未贈與之前，向銀行借來之資金，可作投資穩健型優質股票、海外投資等級債券型基金或海外公司投資等級債券等投資，創造資本利得及穩定現金流。

4. 本案例HH君存放款與投資等業務多須透過銀行，銀行可增加授信、財管業務及手續費收入，另HH君也可作資產活化創造財富與財富傳承效果，HH君與銀行多有利益，進而創造雙贏。

## 案例 7

**高資產人士 G 君（第 1 代）於 111 年間將持有 10 年的建地出售 2.5 億元，再購買新北市都市計劃內農用農地贈與第 2 代之財富傳承效益分析。**（本案例應依當時政府法令為依規）

**案例背景**

G 君 66 歲（第 1 代）於 101 年間購買都市計劃內建地 500 坪，111 年間每坪市價約 50 萬元出售。育有 2 個小孩（第 2 代，32～35 歲）。第 1 代於 111 年間，規劃將該土地出售 2.5 億元之價金，再購買新北市都市計劃內農用農地贈與第 2 代，並將部份資金配置固定收益之海外債券或共同基金等，產生穩定現金流。

**規劃目的**

1. 將第 1 代都市土地出售，再購買農地贈與給第 2 代，免贈與稅，未來農地參加重劃。
2. 再以贈與給第 2 代都市計劃內農地，作資產活化，投資報酬與融資息之間利率差額，補足生活費。
3. 規劃投資海外投資等級債券或共同基金等，每年享有海外所得免稅額 750 萬元稅賦。

**規劃步驟**

1. G 君 111 年間以每坪市價約 50 萬元出售土地 2.5 億元，其中 2 億元購買新北市都市內農用之農地贈與第 2 代，連續 5 年農地農用，可免繳贈與稅。

2. 第2代將受贈之農地，作資產活化貸款1億元（每年換單方式，不必每月攤還本金，只繳息），投資於金融商品，如海外投資等級公司債共同基金或海外投資等級公司債。投資海外投資等級公司債共同基金或海外投資等級公司債所產生之所得屬海外所得，海外所得在750萬元可享受免稅額，超過部份才須繳稅20%。本案例假設貸款利率2%，投資在海外投資等級公司債或海外投資等級共同基金，投資報酬率假設為5%，（因屬長期投資，在不考慮外匯的匯率波動，但建議以美元計價為主，因我國外匯存底約6成是美元），如此規劃，每年可獲利300萬元，因每年投資所得約500萬元，在海外所得750萬元內，所以免繳所得稅。

**農地資產活化套利計算式如下：**（因屬長期投資，在不考慮外匯的匯率波動）

> **計算式：**
>
> 10,000萬元資產活化×（5%債券收益－2%借錢利息）＝300萬元（每年可獲利金額）

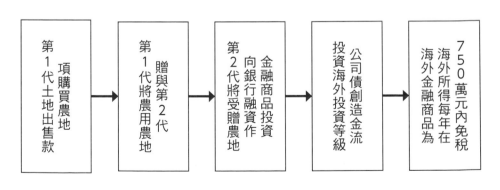

圖 3-7　規劃步驟圖

規劃利益

1. 111年間出售於101年間購買都市內建地，因該土地101年購入，它屬於舊制，只繳土地增值稅，不用繳房地合一稅。

2. 第1代於111年間，規劃將該土地出售2.5億元之價金，再購買新北市都市內農用農地2億元贈與第2代，可節省贈與稅，俟未來都市重劃後分配建地將可由第2代名義分配建地。

3. 第2代將該農地作資產活化，向銀行借錢投資海外投資等級公司債或海外投資等級公司債共同基金等，每年可獲利300萬元屬海外所得，每年在750萬元內免稅。

4. G君2代以資產活化作投資每年可獲利300萬元，銀行可承作放款與財富管理業務，創造利息收入與財富管理業務收入，銀行與客戶創造雙贏局面。

## 案例 8

**高資產人士H君擁有多處不動產，欠缺現金，**

**創造負債，預留稅源**（本案例應依當時政府法令為依規）

**案例背景**

H君夫妻（第1代）72歲，育有3子女（第2代）年紀40-44歲間。第1代擁有多處不動產，價值約6億元，公告現值約3億元，估計須繳遺產稅約5千萬元，另有銀行存款400萬元。如何規劃以資產活化方式，創造負債，預留稅源？

規劃目的

1. 以現有不動產貸款，取得現金流，為第2代準備繳遺產稅。
2. 第1代創造負債，運用每年贈與免稅額244萬元，贈與第2代，降低遺產稅基。
3. 以不動產活化向銀行借錢，未贈與之前可先作金融商品投資，創造現金流。
4. 第1代每年贈與第2代金額，可投保6年以上期繳保障型人壽保險，傳承至第3代。

規劃步驟 （投資海外公司債須以美元計價，會有匯率波動，因屬長期投資，就不進一步評估）

1. 第1代以擁有不動產貸款5千萬元，資金用途：贈與和投資週轉金，期間：10年，可按月繳息與定額還本（如每月還1萬元），這樣規劃還本方式，才可達規劃之效果。

2. 每年夫妻各贈與244萬元給第2代，1年就可贈與488萬元，10年
   就可贈與4,880萬元。

**計算式：**

244萬元×2（夫妻）×10（年）＝4,880萬元，所貸5,000萬元大部份已
贈與了。

3. 未贈與前可投資海外投資等級公司債，它屬於海外所得，每一申
   報戶每年可享750萬元免稅，亦可穩定配息，可產生現金流，作
   為繳息與攤還本金。假設貸款利息2%，投資等級海外公司債約
   有5%公司債配息，可作每月部份攤還本金與繳付利息用。

**本案例假設，貸款利率2%，海外公司債券殖利率5%。**

**計算式：**

第1代夫婦，每年各贈與共10年：244萬×2×10＝4,880萬元

每年借款贈與後餘額作投資公司債報酬率5%＝1,158萬元，如下表：

### 投資報酬表

單位：萬元

| 年期 | - | 第1年 | 第2年 | 第3年 | 第4年 | 第5年 | 第6年 | 第7年 | 第8年 | 第9年 | 第10年 | 合計 |
|------|------|------|------|------|------|------|------|------|------|------|------|------|
| 投資金額 | 5,000 | 4,512 | 4,024 | 3,536 | 3,048 | 2,560 | 2,072 | 1,584 | 1,096 | 608 | 120 | |
| 投資報酬 | 5.00% | 225.6 | 201.2 | 176.8 | 152.4 | 128 | 103.6 | 79.2 | 54.8 | 30.4 | 6 | 1,158 |

10年銀行貸款利息5,000萬元×2%×10＝1,000萬元

10年貸款利息1,000萬元＋銀行手續費與火險費等10萬元＝1,010萬元

10年攤還本金：1萬元×12（月）×10（年）＝120萬元

公司債收入1,158萬元－120萬元－1,010萬元＝24萬元（還本付息等後之餘額）

4. 第2代可將每年受贈與款項，規劃為10年期繳付保費之保障型人壽保險商品，要、被保險人為第2代，受益人為第3代。如此可將第1代贈與至第3代，且第2代40～44歲之年紀，若以40歲購買保障型10期繳人壽保單，宣告利率3.25%，則可創造2.1倍之保障倍數，至80歲則可達3.2倍保障倍數，創造財富傳承至第3代。

**以40歲購買保障型10期繳人壽保單年繳費100萬，宣告利率3.25%，2.1倍之保障倍數。**

100萬元×10×2.1＝2,100萬元（40歲投保時之保障倍數2.1倍）

100萬元×10×3.2＝3,200萬元（40歲投保至80歲時之保障倍數3.2倍）

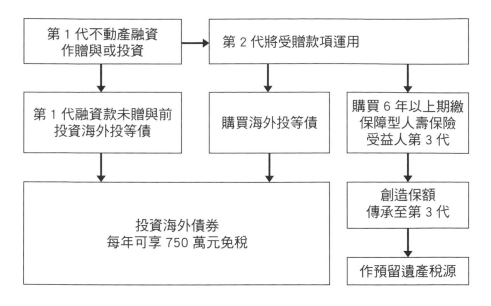

**圖 3-8　規劃步驟圖**

規劃利益

1. 高資產人士利用資產活化，有效運用借款，創造負債及贈與第2代，以現有不動產貸款，取得現金流量，可供第2代繳遺產稅之預留稅源效果。

2. 未贈與前可投資海外投資等級公司債，它屬於海外所得，每一申報戶每年可享750萬元免稅，且可以產生固定收益之現金流，作為繳息與攤還本金。

3. 第1代向銀行借款創造負債後，分年贈與第2代，第2代可運用最低稅負制度，每一個所得申報戶3,740萬元，6年以上期繳保障型人壽保單規劃，創造更多的財富傳承至第3代，（要、被保險人為第2代，受益人為第3代），如此運用人壽保險規劃將可達2至3倍不等的財富傳承至下一代，將可藉人壽保障倍數創造財富。

4. H君之存、放款與投資等業務多須透過銀行，銀行可增加授信、財管業務及手續費收入，另H君也可作資產活化創造財富與財富傳承效果，H君與銀行多有利益，進而創造雙贏。

# 第4章
# 家族財富傳承
# 與信託規劃案例

　　當第1代60至70歲間，在事業打拼有成後，就須要談接班傳承議題，所謂：（看盡天下美麗視野的同時，不要忘記軸心運轉的使命）。要運用第2代之所長加以規劃長遠之事業的軸心與財富傳承佈局，讓第2代發揮各自專長，在競爭統合下使企業繼續茁壯，就像第1代坐在摩天輪上，看盡天下美麗視野的同時，要讓家族的第2代軸心運轉發揚光大，另第1代須作好家族財富傳承規劃是非常重要。所以本章將探討如何運用閉鎖性公司、運用信託工具與金融資產規劃，才能使家族財富傳承超過三代或百年之財富規劃架構？

　　台灣近幾十年由農業轉型為工業或服務業，許多中小企業經營事業累積自有資本外，加上運用銀行資金，兢兢業業的在本業上非常的努力打拼，所賺到的錢轉投資在大都市核心土地，都市土地因經濟成長和都市化人口集中而增值。中小企業主不論是本業獲利累積或是投資土地，賺到錢後如何運用閉鎖性投資股份有限公司、信託與投資金融資產，做好財富傳承規劃才可傳承超過百年？茲舉幾個案例供參考。

# 一、家族成立閉鎖性投資股份有限公司傳承規劃案例

　　國人財產的持有，可分為自然人與法人機構，自然人有壽命的極限，惟法人沒有生命的限制，西方有超過300年以上企業，這是自然人所不能及，是故，咱們的財富傳承規劃，須運用法人來規劃。但在財富傳承過程中自然人與法人稅務有所不同，何者為較佳方案呢？如何規劃才較有利呢？是本章所要討論的重點，稅務方面，或許投資時用法人比自然人更有利，否則市值大的上市、櫃股份有限公司，前十大股東大部份由投資公司持有，就可看出端倪，以下個案以成立投資股份有限公司傳承規劃分析。

## 案例 1

### 中小企業主CC君，成立閉鎖性股份有限公司[9]，配置黃金特別股，取代人頭股東案例 （本案例應依當時政府法令為依規）

**案例背景** 中小企業主CC君為一間公司負責人，再利用親友當人頭成立4間公司，每1公司有5人頭股東，每人每年分配200萬元股利，人頭股東扣除20%綜所稅後，再領現金贈與CC君，以個人名義存入個人銀行帳戶，四年間中小企業主CC君存款已高達9,000萬元，如此操作稅務風險為何？如何解決？

規劃目的

1. 規劃成立閉鎖性投資股份有限公司，配置黃金特別股，取代人頭股東，可降低稅務風險。
2. 規劃家族閉鎖性投資股份有限公司，將第1代持股降低，達到節稅及財富傳承之效益。

規劃步驟

**股權與稅務風險：**

1. 就算熟識的親友，也會有反目成仇之可能，有被檢舉逃漏稅之風險。

---

9　閉鎖性股份有限公司：參照公司法第356條之1-14。

2. 親友若身故，股份將成為遺產，未來繼承人恐會有爭奪股權之風險。

3. 股東為親友，每當分配盈餘時，親友會將分配款扣除所得稅額後，用現金返還分配款給CC君，CC君將該款項存入銀行，存款金額越來越多，與每年個人申報所得稅相差太大，容易遭國稅局稽查，有逃漏稅之風險。

**規劃：**

　　成立閉鎖性股份有限公司之投資公司，該公司股權，由A君及其子女擁有，用贈與方式給予子女款項或由CC君提供財產給子女向銀行取得資金，再利用投資公司將親友的股權買下，以傳承的角度經營該投資公司。從傳承規劃角度看，第1代股權可降低至1%，第2代股權可提高至99%，另為控管風險，擔憂子女未來不懂事有突發狀況，擬發行特別股1萬股，特定事項否決權特別股（黃金股），在公司章程解任董事、監察人、變更章程、減資、公司解散、合併、分割等事項享有否決權，並於章程訂定特別股有1,000倍表決權，此做法可仍讓第1代擁有主導權主導公司經營。

**權益架構（每張1,000股，每股10元，每張1萬元）**

**計算式：**

- 普通股　　　　　100萬股　　　資本額1,000萬元
- 第2代三子女　　占99萬股　　　計表決權99萬權（99%）
- 第1代CC君父　　占1萬股　　　計表決權1萬權（1%）
- 第1代再發行複數表決權特別股，一股取得1,000權表決權，共計發行1萬股（1萬股×1,000權／股＝1,000萬權）
- 表決權：1萬權＋1,000萬權＝1,001萬權（第1代）＞99萬權（第2代）

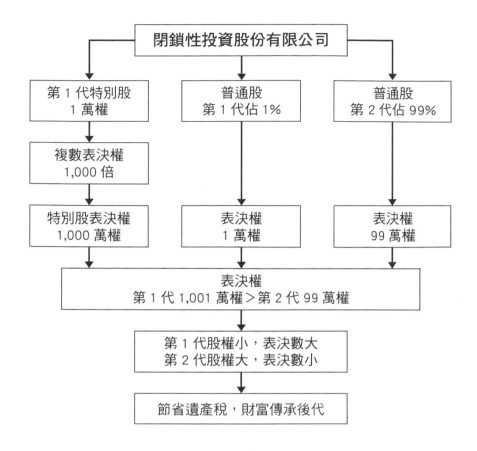

**圖4-1　規劃步驟圖**

規劃利益

1. 經規劃後，中小企業主第1代CC君無稅務風險，且可做傳承規劃，將第1代股權降低，透過投資公司，發行黃金特別股，對公司有控制權；第2代、第3代股權提高，達節稅及財富傳承之效果。

2. 銀行可增加存款集中往來及財管業務、增加財管手續費收入等業務，CC君降低稅務風險，銀行與客戶創造雙贏。

## 閉鎖性股份有限公司規劃，取代中小企業主長期投資上市股票，降低稅率達到財富傳承（本案例應依當時政府法令為依規）

**案例背景** 中小企業主GG：A股份有限公司負責人GG君（75歲）為第1代，股權分配（第1代60%、第2代40%）。另GG君以私人名義投資上市櫃股票，1年股利分配達4,000萬元，個人綜所稅需繳納千萬元，請問將如何規劃A公司及GG君之金融資產傳承及稅務規劃？

### 規劃目的

1. 長期持有上市股票，以法人取代自然人，作家族財富傳承規劃。
2. 閉鎖性公司規劃，將第1代持股降低，表決權數放大，掌握決策權，降低遺產稅。

### 規劃步驟

1. 本案例主要係透過法人取代自然人作金融資產投資與傳承，達節稅效果。
2. 從傳承規劃角度看，第1代股權可降低至1%，第2代股權可提高至99%，另為控管風險，擔憂子女未來有突發狀況，擬發行特別股1萬股，特定事項否決權特別股（黃金股），在公司章程解任董事、監察人、變更章程、減資、公司解散、合併、分割等事項

享有否決權，並於章程訂定特別股有1,000倍表決權，此做法可仍讓第1代擁有主導權主導公司經營。如此規劃，第1代持股下降，將可降低遺產稅基，進而降低遺產稅，達財富傳承效果。

**權益架構（每張1,000股，每股10元，每張1萬元）**

**計算式：**

- 普通股　　　　　100萬股　　　資本額1,000萬元
- 第2代三子女　　　占99萬股　　　表決權99萬權（99%）
- 第1代GG君父　　　占1萬股　　　表決權1萬權（1%）
- 第1代再發行複數表決權特別股，一股取得1,000權表決權，共計發行1萬股（1萬股×1,000權／股＝1,000萬權）
- 表決權：1萬權＋1,000萬權＝1,001萬權（第1代）＞99萬權（第2代）

3. A公司原股權可運用減資，減資後再由第2代或第3代將持股提高，如此，可有效降低第1代持股比例，作財富傳承規劃。

4. GG君長期持有上市櫃股票，可以改為投資股份有限公司持有，規劃GG君在上市櫃公司除權前將股票出售，A公司在除權後再買進股票持股部位，如此GG君於當年度未參與股利分配，可節省當年度股利分離課稅28%之稅基，改以公司未分配盈餘課稅5%。以投資公司繳付未分配盈餘5%，代替個人股利採分離課稅28%，如此將財富傳承後代與稅務規劃。惟若以投資股份有限公司持有上市股票，須長期持有，否則資本利得部份三年內須課稅12%，超過三年仍須課稅6%。

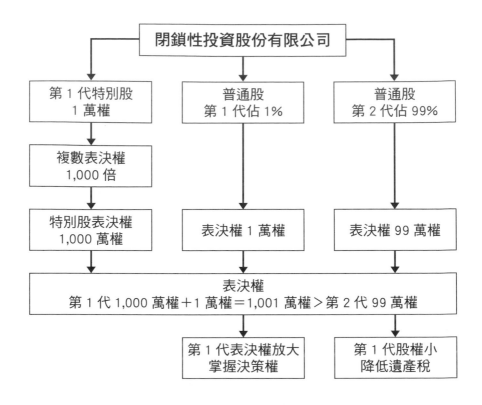

圖 4-2　規劃步驟圖

規劃利益

1. 經規劃後，中小企業主第1代GG君透過閉鎖性投資公司作傳承規劃，將第1代股權降低，第2代、第3代股權提高，再透過閉鎖性投資公司，發行黃金特別股，第1代對公司有控制權；達節稅及財富傳承之效果。

2. GG君長期持有上市櫃股票，可以改為投資股份有限公司持有，參與股利分配，可節省當年度股利分離課稅28%稅賦，改以繳付公司未分配盈餘稅5%，將財富傳承至後代。

3. 銀行可增加存款及財管業務、增加存款與財管手續費收入等業
   務，GG君降低稅賦與家族財富傳承，如此銀行與客戶創造雙
   贏。

第1代將持有已久房地產資產活化，創造負債贈與下一代，房地產以繼承取代1、2代間買賣。待第2代繼承後，才以土地與房屋作價增資入股家族公司，再運用閉鎖性公司規劃案例（本案例應依當時政府法令為依規）

**案例背景** 高資產人士FF君（第1代）64歲，有銀行存款5,000萬元，名下有20間持有近30年之透天不動產，估計不動產價值約2億元以上。配合代書幫其稅務規劃，建議陸續將不動產出售予FF投資公司（為家族公司，FF君（第1代）持股60%，其餘股份為第2代），每戶透天房地產需繳納100萬～200萬元之土地增值稅。FF君提供資金，以股東往來名義借予FF投資公司，作購屋資金，整體以FF投資公司作財富傳承規劃。請問此作法是否合適？能否有更好之建議？

### 規劃目的

1. 第1代以資產活化創造負債，逐年在免稅額244萬元贈與第2代，可降低遺產稅基。
2. 房地產以繼承取代1、2代間買賣，當第1代往生時，土地增值稅歸零，可節省土徵稅。
3. 第2代繼承後，才以土地與房屋作價增資入股家族公司，當可節省房地合一稅。

**規劃步驟**

1. FF君（第1代）名下不動產皆持有將近30年，105前之房地產，不應以第1代出售給第2代方式，因須繳土地增值稅，且第2代未來買賣得適用房地合一稅制。建議應以繼承方式，待土地增值稅歸零，傳承至第2代後，再對房地產作規劃，免繳納年限已久所產生較高金額之土地增值稅。

2. FF公司運用閉鎖性投資股份有限公司規劃，FF君（第1代）持股大幅降低，讓第2代持股比例提高，並發行特別股將經營權掌握在第1代之模式，運用該工具作稅務規劃，達到傳承效果。。

3. 若規劃以FF公司購置這些不動產，應等待2代繼承後，土地稅歸零時辦理買賣，此時規劃效果較佳。

4. FF君以不動產向銀行融資方式創造負債，規劃每年將申貸資金贈與244萬元至第2代外。申貸款項未贈與前之資金，可透過申購穩健外國債增加穩定收入；第2代可規劃將受贈之款項購買6年以上期繳保障型人壽保險，運用最低稅負制度，每1申報戶規劃3,740免稅額，以第2代為要、被保險人，第3代為受益人，將財富由第1代傳承第2代，第2代再透過高保障之人壽保險，將保障倍數放大3倍傳承至第3代。

5. 第1代有現金5千萬元，可購買6年以上期繳保障型人壽保險，運用最低稅負制度規劃，第1代為要、被保險人，第2代為受益人之人壽保險保單，每一申報戶有3,740免稅額，傳承下一代，可作將來第2代繼承時，若須繳遺產稅時預留稅源。

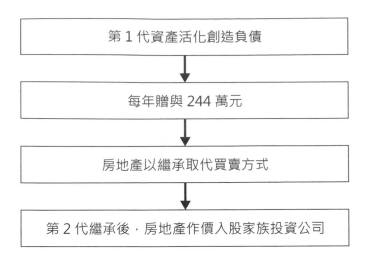

```
┌─────────────────────────────────┐
│      第 1 代資產活化創造負債        │
└─────────────────────────────────┘
                 ↓
┌─────────────────────────────────┐
│       每年贈與 244 萬元            │
└─────────────────────────────────┘
                 ↓
┌─────────────────────────────────┐
│     房地產以繼承取代買賣方式        │
└─────────────────────────────────┘
                 ↓
┌─────────────────────────────────┐
│  第 2 代繼承後，房地產作價入股家族投資公司  │
└─────────────────────────────────┘
```

**圖4-3　規劃步驟圖**

規劃利益

1. 可將資產活化向銀行融資創造負債，運用每年免稅額贈與244萬元至第2代。

2. 以繼承方式規劃，則FF高資產人士往生後，可節省土地徵稅，另可運用最低稅負制度規劃，第1代為要、被保險人，第2代為受益人之6年以上期繳保障型人壽保險保單，每一申報戶有3,740免稅額，傳承下一代作規劃。

3. 第1代每年免稅額贈與244萬元至第2代，第2代再透過6年以上期繳保障型人壽保險，將保障倍數放大3倍傳承至第3代。

4. 銀行專業可扮演顧問的角色提醒客戶，免得FF君規劃錯誤，將第1代名下持有近30年不動產出售給第2代，繳納許多冤枉土地增值稅。銀行與客戶是夥伴關係，如此透過專業建議，可增加理財貸款及財管等業務往來。

## 案例 4

**運用家族投資股份有限公司作投資，取代使用員工當人頭作投資之案例分析**（本案例應依當時政府法令為依規）

**案例背景** 中小企業主 AA 君 50 歲，屬於高資產人士，擁有房地產 10 億元與存款達 1 億元以上財力，經常使用員工多人當人頭，在銀行存錢及作投資，賺到錢後領取現金，再將現金存入 AA 君銀行帳戶。109 年間因贈與關係，被國稅局裁罰 2,000 萬元，之後遇到銀行專業人士建議，應該成立 A 閉鎖性家族公司，再以該公司作投資：就成立 A 投資股份有限公司：該公司股權分配：負責人 AA 君（第 1 代）4%、第 2 代（20 歲在學中）96%。請問將如何規劃 AA 君之家族傳承及稅務規劃，才可避開稅務風險？

### 規劃目的

1. 規劃第 1 代每年透過贈與免稅額 244 萬元給第 2 代，作為第 2 代成立投資公司之股本。
2. 以法人股東取代員工人頭股東作投資，規避稅賦風險。
3. 以家族投資公司規劃，將第 1 代持股降低，表決權數放大，掌握決策權，降低遺產稅。
4. 以第 1 代房地產提供給家族投資公司融資，取得資金再以公司名義作投資。

**規劃步驟**

1. 本案例主要以法人投資取代員工當人頭作投資，規避稅賦風險，並作財富傳承。

2. 本案例第2代才20歲且在學中，須透過第1代夫妻贈與488萬元作資本額。所以公司的資本額才500萬元，若要較大的投資，則需提供第1代市價5億元不動產，給A投資股份有限公司貸款3億元，再將所貸的款項作投資工業廠房與上市櫃股票，才會產生綜效。

3. 為節稅傳承，建議家族應成立閉鎖性投資股份有限公司對外投資，將第1代AA君持股降低至4%，第2代持股提高至96%，並發行特別股1萬股，表決權數1,000倍，且享有否決權，將經營決策權掌握在第1代AA君，如此規劃，第1代持股下降，以降低遺產稅，將可達到節稅效果。

**權益架構（每張1,000股，每股10元，每張1萬元）**

**計算式：**

- 普通股　　　　　100萬股　　　資本額1,000萬元
- 第2代三子女　　　占96萬股　　　表決權96萬權（96%）
- 第1代AA君　　　　占4萬股　　　表決權4萬權（4%）
- 第1代再發行複數表決權特別股，一股取得1,000權表決權，共計發行1萬股（1萬股×1,000權／股＝1,000萬權）
- 表決權：4萬權＋1,000萬權＝1,004萬權（第1代）＞96萬權（第2代）

4. A公司若以大金額長期持有上市櫃股票，股利可採繳公司不分配
   盈餘稅率5%，取代以自然人採分離課稅28%之稅基，可達節稅
   效果，並作家族財富傳承至後代。閉鎖性家族投資股份有限公司
   持有上市股票，須長期持有，否則資本利得部份三年內須課稅
   12%，三年以上須課稅6%。

5. 將來第2代結婚生子，有了第3代時，第1代和第2代可每年贈與
   的錢，由第3代以現金增資方式入股A公司股權，第3代將持股
   逐漸提高，可有效降低第1、2代持股比例，將透過股權作財富
   傳承至第3代，如此，達財富傳承後代之效果。

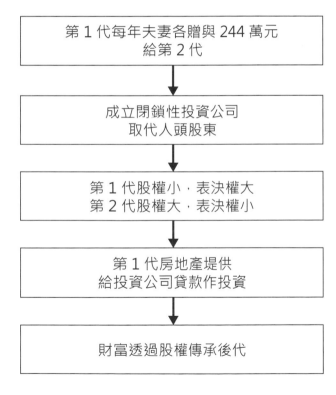

**圖4-4　規劃步驟圖**

1. 經規劃後，以投資公司取代員工人頭作投資，中小企業主 AA 君無稅務風險，且可做傳承規劃，將第 1 代股權降低，再透過發行黃金特別股，對公司有控制權；第 2 代、第 3 代股權提高，達財富傳承之功效。

2. 若以長期持有上市櫃股票，股利可採繳不分配盈餘稅率 5%，取代以自然人分配時採分離課稅 28% 之稅基，作財富創造與財富傳承規劃。

3. 可將第 1 代的資產提供給家族公司活化作投資，把家族公司資產作大，財富傳承至後代。

4. 銀行可增加存款、放款及財富管理業務、增加利息、證券與財管手續費收入等業務。

案例 5

## 以家族閉鎖性投資股份有限公司[10]規劃，投資上市公司，降低稅賦達到財富傳承個案（本案例應依當時政府法令為依規）

**案例背景** 中小企業主E：E投資股份有限公司負責人第1代E君（75歲），股權分配（第1代10%、第2代90%）。另第1代E君若以私人名義投資上市櫃股票，1年股利分配達4,000萬元，個人綜所稅需繳納千萬元，請問將如何規劃E公司及E君之資產傳承及稅務規劃？

規劃目的

1. 長期持有上市股票，由自然人改以法人取代，將每年取得高額股利由自然人分離課稅28%，改由家族投資公司繳付公司未分配盈餘5%，降低稅賦。

2. 以家族投資公司規劃，將第1代持股降低，表決權數放大，掌握決策權作規劃，達到財富傳承效果。

規劃步驟

1. 本案例主要透過家族投資股份有限公司作規劃，達到傳承效果。

2. 為節稅傳承，建議應成立家族投資公司，規劃以自然人持股法人

---

10 閉鎖性股份有限公司：參照公司法第356條之1-14。

化，將第1代E君持股規劃10%，第2代持股提高為90%，並發行特別股1萬股，表決權數100倍，且享有否決權，將經營決策權掌握在第1代E君，如此規劃，第1代持股下降降低遺產稅，將可達到合法節稅效果。

**權益架構**（每張1000股，每股10元，每張1萬元）

計算式：

- 普通股　　　　　100萬股　　　資本額1,000萬元
- 第2代三子女　　　占90萬股　　　表決權90萬權（90%）
- 第1代E君　　　　占10萬股　　　表決權10萬權（10%）
- 第1代再發行複數表決權特別股，一股取得100權表決權，共計發行1萬股（1萬股×100權／股＝100萬權）
- 表決權：10萬權＋100萬權＝110萬權（第1代）＞90萬權（第2代）

3. 第1代E君長期持有上市櫃股票，可以改為投資股份有限公司持有，規劃E君在當年上市櫃公司除權前將股票出售，E公司在除權後買進股票，如此E君在當年度未參與股利分配，可節省當年度股利分離課稅28%之稅基，之後各年度改以公司繳付公司未分配盈餘5%後將財富傳承至後代。如此規劃，因第1代持股比率不高，未分配盈餘可傳承至後代。如此以家族投資公司繳付公司未分配盈餘5%，代替個人分離課稅股利所得稅28%，作家族財富傳承規劃。惟若以家族投資股份有限公司持有上市股票，須長期持有，否則資本利得部份三年內須課稅12%，三年以上須課稅6%。

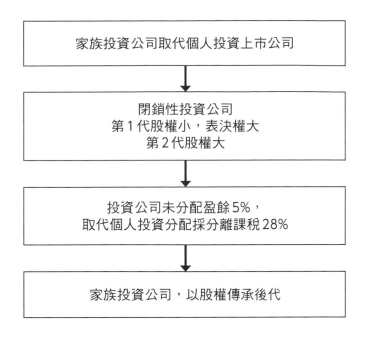

家族投資公司取代個人投資上市公司

↓

閉鎖性投資公司
第1代股權小，表決權大
第2代股權大

↓

投資公司未分配盈餘5%，
取代個人投資分配採分離課稅28%

↓

家族投資公司，以股權傳承後代

**圖 4-5　規劃步驟圖**

規劃利益

1. 以家族投資公司規劃，將第 1 代持股降低，表決權數放大，掌握決策權作規劃，達到財富傳承效果。

2. 高資產人士透過自然人持股法人化，降低稅率達到合法節稅效果。以家族投資公司繳付公司未分配盈餘 5%，代替個人分離課稅股利所得稅 28%，作家族財富傳承規劃。

3. E 公司資金停泊在該銀行，增加銀行存款業績，也可提升銀行財管手續費收入與證券交易手續費收入。

## 二、家族傳承結合信託規劃案例

　　我國信託法於民國85年通過立法，「信託業務設立標準」並於89年才頒布實施。於90年間處理細則陸續完成，在銀行業努力的推廣下，因中小企業第1代年紀約6、70歲有傳承的需求。談到傳承就需要用到信託規劃，不論是一般民眾或是高資產人士，對於財產安全有保障與風險意識的防範，比以前更加重視，導致近10年來信託業務快速成長。承如以下幾個案分析。

## 案例 6

### 土地和租賃所得，透過銀行信託方式作傳承規劃案例（本案例應依當時政府法令為依規）

**案例背景** A君夫妻均55歲，育有2子女均已成年，在台中市西屯區農地約2,000坪，經重劃後分配回來建地1,000坪，每坪市價約70萬元（每坪公告現值30萬元），每個月租金約有100萬元，該土地和租賃所得，透過銀行信託方式做好傳承規劃。

規劃目的

1. 第1代將一生創造之財富，透過信託機制保障財產。
2. 第1代訂定信託契約，依自己想法分配信託利益給自己或家人。
3. 可運用最低稅負制度規劃保障型人壽保單，預留稅源。

規劃步驟

1. 成立一信託契約，將土地與租金作信託，委託人：A君（第1代），受託人：銀行，受益人：A君（第1代）及A太太及小孩（第2代），不設信託監察人。如下圖4-6：

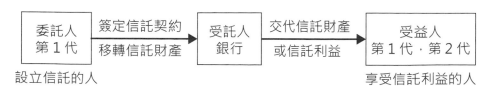

圖4-6　信託架構圖

2. 每月租金100萬元，其中60萬元買投資等級國外債券，每月轉入A君（第1代）、A太太與小孩（第2代）帳戶各10萬元，另10萬元則預備繳遺產稅用，當第1代往生後該每月10萬元改買投資等級國外債券。規劃信託期間為50年。

3. A君規劃後年紀大時，第2代也不可能賣掉土地。若第2代經營事業失敗，因信託規劃他們的基本生活應可獲得保障。如此，做信託規劃後，第1代努力的賺錢所累積的財產，才不會被下一代敗光了。

4. 經納入信託財產後不論是地價稅、贈與稅或遺產稅等稅賦不會因信託而改變，所以若經過計算下第1代留給第2代信託財產仍須繳遺產稅，則第1代要提早透過6年以上期繳保障型人壽保險規劃，如運用最低稅負制度每一申報戶3,740萬元，利用長天期分年繳付，如規劃6至15年分期繳付保障型人壽保單，要、被保險人為第1代，第2代為受益人。夫、妻分別為要、被保險人，2個小孩為受益人購買保障型人壽保險，規劃預留稅源。

規劃利益

1. A君規劃信託後，好不容易賺到的錢，就不用擔心他的小孩不長進，把他辛苦打拼的財富給下一代敗光。

2. 就不會因下一代繼承一筆很大財產後，因該財產不是自己努力打拼的，就不知珍惜的把財產敗光。所以第1代做好信託規劃，將財產信託給銀行，對他的財富傳承是有極大的幫助。

3. 所收租金運用最低稅負制度規劃保障型人壽保單，預留稅源。

4. 銀行為企業主A君，做好50年信託規劃，銀行在這50年中每年有穩定的信託管理費收入。另企業主A君也可照自己的意思將財富傳承至後代，銀行與客戶創造雙贏。

## 案例 7

### 將第1代房地產提供給家族投資股份有限公司作
### 資產活化與信託規劃案例（本案例應依當時政府法令為依規）

**案例背景** B君（第1代）71歲，有兩個小孩分別36與38歲，均未婚
分別為醫生與律師，第1代在台中市握有幾10棟房地產和
廠房出租，市價約30億元，分別以個人名義與公司名義持有，1個
月租金收入達800多萬元，想要規劃以現有房地產加以活化，提供
給投資股份有限公司融資，將所貸的款項投資上市、櫃股票，再透
過銀行信託方式作傳承規劃。

---

**規劃目的**

1. 將第1代資產作活化，提供給投資股份有限公司設定抵押權後，
   將取得資金，投資上市、櫃股票，在投資股票之分配股利與銀行
   利息之間利差創造財富。
2. 設立投資股份有限公司，以家族投資股份有限公司作傳承規劃，
   將第1代持股降低，表決權數放大，掌握決策權，降低遺產稅。
3. 將第2代之股權作信託，以保護其財產。

---

**規劃步驟**

1. 為節稅傳承需要，建議家族應成立閉鎖性投資股份有限公司對外
   投資，將第1代B君持股降低至2%，第2代持股提高至98%，並
   發行特別股1萬股，表決權數1,000倍，且享有否決權，將經營決

策權掌握在第1代B君，如此規劃，第1代持股下降，進而降低遺產稅，將可達到節稅效果。

**權益架構（每張1,000股，每股10元，每張1萬元）**

> **計算式：**
>
> - 普通股　　　　100萬股　　　資本額1,000萬元
> - 第2代子女　　　占98萬股　　　表決權98萬權（98%）
> - 第1代B君　　　占2萬股　　　　表決權2萬權（2%）
> - 第1代再發行複數表決權特別股，一股取得1,000權表決權，共計發行1萬股（1萬股×1,000權／股＝1,000萬權）
> - 表決權：2萬權＋1,000萬權＝1,002萬權（第1代）＞98萬權（第2代）

2. A公司若以大金額長期持有上市櫃股票，股利可採繳不分配盈餘稅率5%，取代以自然人採分離課稅28%之稅基，作合法節稅，將家族財富傳承至後代。

3. 成立一信託契約，委託人：第2代，受託人：第1代，受益人：第2代，信託監察人第1代：B君太太或姪子等。如下圖4-7-1：

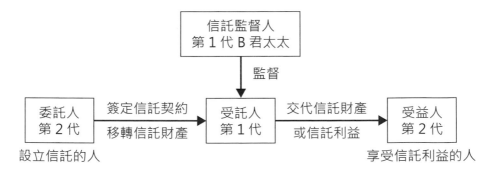

**圖4-7-1　信託架構圖**

4. 信託期間為50年。規劃後B君第2代，有一天做事業失敗就不會股權被查封或被拍賣，應可獲得保障。如此，做信託規劃後，是一久遠的規劃，如此，第1代努力規劃信託所累積的財產，才可永續傳承。

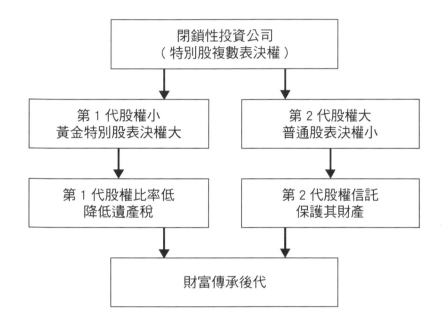

**圖4-7-2　信託架構圖**

規劃利益

1. 經規劃後，以家族投資公司將第1代股權降低，再透過發行黃金特別股，對公司有控制權；第2代股權提高，達財富傳承之功效。

2. 若以大金額長期持有上市櫃股票，股利可採繳不分配盈餘稅率5%，取代以自然人分配時採分離課稅28%之稅基。

3. 可將第1代的資產提供給家族公司活化作投資，把家族公司資產做大，並傳承至後代。

4. 經做好信託後，第1代B君就不用擔心他的小孩不長進，把他辛苦打拼的財富給流失。

5. 銀行可增加存款、放款、財管及信託業務；增加利息、證券與財管手續費收入等業務。

**案例 8**

第1代都計內農地800坪，過戶給第2代（3個小孩）並辦信託後參加重劃，等重劃後分得建地400坪，再以第3代為興建房屋之起造人，家族分層持有建物。（本案例應依當時政府法令為依規）

**案例背景**　C君（第1代，78歲）為高資產人士，第2代為社會精英人士，年所得超過500萬元。第1代都計內農地800坪，過戶給第2代（有3子女，50～56歲）後辦信託參加重劃，以第2代為信託人，第1代為受託人，第2代為受益人。等重劃後分得建地400坪，處分250坪，另150坪以第3代（6員，20～30歲）為建物起造人，蓋地上7層之華廈（第1層為共用空間與停車場，2至7樓每1兄弟之子女各擁有2層樓。

規劃目的

1. 第1代將都計內農用農地贈與給第2代參加重劃，可節省贈與稅。

2. 農地贈與後第2代同時作信託給第1代，有控制權，且可保護第2代財產。

3. 第3代為建物起造人，可直接作財產移轉，節省第1、2代遺產稅。

1. 第1、2代運用每年免稅額贈與244萬元給第3代,創造第3代之現金流。

2. 第1代在重劃前將都計內農地贈與給第2代,同時作信託,給第1代當受託人。因第1代贈與給第2代時是農地農用,所以免贈與稅。

3. 因以第1代為受託人,所以第1代為有控制權,可保護第2代之財產。信託架構是:第2代為信託人,第1代為受託人,第2代為受益人。第1代為受益人時,每年1月份需至國稅局申報受託財產有無所得。

4. 第1代為使子女多能住在一起,想在自己的土地上蓋房子,且為了節稅,是故,以第3代為建物起造人,因近10年來多運用每年免稅額贈與額已累積了2,000多萬元的現金,足夠建築的費用,若建築費用不足,則可部分向銀行融資支應。

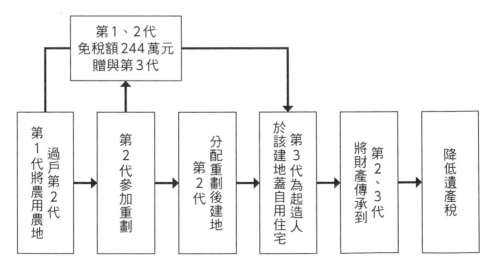

圖4-8　規劃步驟圖

規劃利益

1. 第1、2代運用每年免稅額贈與給第3代，可節省遺產稅，又可創造第3代現金流。

2. 第1代運用農地贈與給第2代參加重劃，可節省贈與稅。

3. 第2代贈與農地，同時作信託給第1代，第1代可以取得控制權與保護第2代的財產。

4. 第3代為建物起造人，建物可直接作財產移轉，節省第1、2代遺產稅。

## 第1代提早規劃贈與財產給第2代，降低第1代遺產稅，運用信託機制保護第2代財產案例（本案例應依當時政府法令為依規）

**案例背景** F君（第1代）透過每年免稅額244萬元贈與第2代，第2代累積之受贈款項當自備款購買房地產，不足部份向銀行辦理購屋長期貸款。俟辦理貸款後再作信託給第1代，該信託機制是以第2代為信託人，第1代為受託人，第2代為受益人之自益信託，以保護第2代財產。

### 規劃目的

1. 第1代透過每年免稅額244萬元贈與第2代，降低遺產稅基。
2. 第2代配合銀行融資後，第1代再透過信託機制保護第2代財產。
3. 以第1代為受託人，第1代取得第2代財產之主導權及控制權。

### 規劃步驟

1. 第1代透過每年免稅額244萬元贈與第2代，第2代累積之受贈款項當購買房地產自備款，不足部份向銀行辦理購屋長期貸款，此長期借款期限越長越好，最好是30年購屋貸款，如此規劃下第2代繳款壓力較小，除非第2代收入高，否則部份攤還本息得靠第1代運用每年免稅額244萬元贈與第2代繳付本息。第1代如此透過每年免稅額244萬元贈與第2代，將可降低遺產稅基。

2. 第2代將累積之受贈款項當自備款去購買房地產,不足部份向銀行申請長期融資後,再作信託給第1代,該信託機制是以第2代為信託人,第1代為受託人,第2代為受益人之自益信託,以保護第2代財產,第1代受託人必須每年1月向國稅局申報信託財產之收益與否。另也可由銀行當受託人,以第1代為監察人,在銀行辦信託業務,但須以房地產之公告地價或建物評定價值去計算,每年付信託管理費給銀行信託業者。
3. 若以第1代為受託人,對該不動產就取得主導權。例如信託內容可包括,該房地產買賣可授權直接由受託人直接簽訂契約,受託人也有使用權與受益權等。信託期間終止日可至第1代死亡日止等等條款。

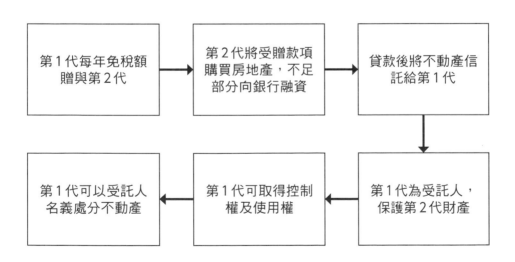

圖4-9　規劃步驟圖

規劃利益

1. 第1代透過每年免稅額244萬元贈與第2代，可降低遺產稅基。

2. 第2代配合銀行融資後，第1代再透過信託機制保護第2代財產，因信託之後的負債不得對其信託財產請求權。

3. 若以第1代為受託人，第1代取得第2代財產之主導權，例如，該房地產買賣可授權直接由受託人直接簽訂契約，受託人也可使用權與受益權等。

4. 銀行可因客戶贈與創造存款，第2代配合融資，可增加放款。若由銀行當受託人，由第1代為監察人時，銀行辦信託業務，增加信託手續費收入。

案例10

**閉鎖性投資股份有限公司[11]取代關係企業第1代個人股權,可降低稅率,並對第2代股權作信託,保護第2代股權,達到財富傳承**（本案例應依當時政府法令為依規）

案例背景 中小企業主E：E投資股份有限公司負責人第1代E君（50歲），原有2家有限公司，分別由夫妻當負責人；主要股權多是夫妻兩人，E君可否規劃A閉鎖性投資公司取代兩家關係企業股權。規劃A投資股份有限公司之股權分配（第1代10%、第2代90%）。

規劃目的

1. 以法人取代自然人，作稅務規劃。
2. 閉鎖性投資公司規劃，將第1代持股降低，表決權數放大，掌握決策權，降低遺產稅基。

規劃步驟

1. 本案例主要為資產傳承及稅務規劃。
2. 為財富傳承規劃，建議應成立閉鎖性投資公司，規劃法人化持股取代自然人股份。該投資股份有限公司將第1代E君持股規劃

---

11 閉鎖性股份有限公司：參照公司法第356條之1-14。

10%，第2代持股提高為90%，並發行特別股1萬股，表決權數100倍，且享有否決權，將經營決策權掌握在第1代E君，如此規劃，第1代降低持股比率，以降低遺產稅，將可達到節稅效果。

**權益架構**（每張1000股，每股10元，每張1萬元）

**計算式：**

- 普通股　　　　100萬股　　　資本額1,000萬元
- 第2代子女　　　占90萬股　　　表決權90萬權（90%）
- 第1代E君　　　占10萬股　　　表決權10萬權（10%）
- 第1代再發行複數表決權特別股，一股取得100權表決權，共計發行1萬股（1萬股×100權／股＝100萬權）
- 表決權：10萬權＋100萬權＝110萬權（第1代）＞90萬權（第2代）

3. 以A閉鎖性投資公司持有E君股權，可節省E君各年度股利分離課稅28%之稅基，改以公司未分配盈餘5%，因第1代持股比率不高，未分配盈餘可傳承至後代。閉鎖性投資公司繳付未分配盈餘5%，代替個人分離課稅股利所得稅28%。

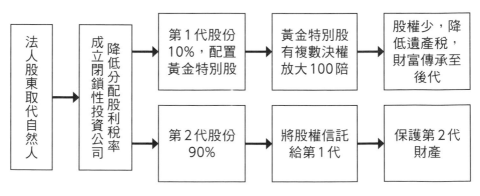

**圖4-10　規劃步驟圖**

**規劃利益**

1. 本案經規劃後，以投資公司將第1代股權降低，再透過發行黃金特別股，對公司有控制權；第2代股權提高，達財富傳承之功效。

2. 以家族投資公司取代第1代持股，降低未來遺產稅基，達傳承效果。

3. 銀行若能透過專業與客戶溝通，使A閉鎖性投資公司資金停泊在該銀行，增加分行存款業績，更可增加客戶對該銀行信任度，提供不一樣之價值，提高客戶與該銀行黏著度來拓展其他業務往來。

## 案例 11

### 第1代透過遺囑提早規劃遺產給第2代，為較弱勢之第2代保留特留分，以信託機制保護該弱勢第2代財產及每月有穩定的生活費案例（本案例應依當時政府法令為依規）

**案例背景**

F君（第1代）78歲，喪偶，他有不動產市價9,000萬元（公告現值2,000萬元），現金3,000萬元。他育有2子，老大54歲已婚，育有一男一女；老二52歲，因反應較遲緩，所以一直沒辦法成婚。F君透過遺囑提早規劃遺產給第2代，特別規劃較不能自理之二兒子，以現金規劃信託機制保護弱勢之老二。他透過每年免稅額244萬元，逐年贈與給大兒子，累積至3,000萬元後，再以大兒子為信託人，銀行為受託人，二兒子為受益人之他益信託，自己與姪子為信託監察人。信託內容為每月給付二兒子6萬元生活費至終老，以保護二兒子財產及每月有固定生活費，等二兒子往生後之款項，則以大兒人為受益人。

**規劃目的**

1. 第1代透過每年免稅額244萬元贈與第2代，降低遺產稅基。
2. 第1代透過信託機制保護第2代弱勢兒子財產。
3. 立遺囑方式，將弱勢兒子之特留分以信託方式每月給付生活費。
4. 以銀行為受託人，將現金交付信託作穩健金融商品投資，產生現金流。

規劃步驟

1. 第1代每年須透過每年免稅額244萬元贈與第2代,如此透過每年贈與,將可降低遺產稅基。

2. 本信託機制是以大兒子為信託人,銀行為受託人,先以二兒子為受益人之他益信託,以保護二兒子特留分之財產;沒用完之金額則以大兒子為受益人之自益信託,F君自己與姪子為監察人(萬一F君年邁往生後則由姪子繼續執行監察人職務)。如此以銀行為信託之受託人,因銀行為法人較沒有像自然人有壽命終止的風險。

3. 受託管理之現金可指定投資海外投資等級公司債、海外投資等級公司債共同基金或部份投資優質有潛力之上市公司股票。本個案若投資上述穩健之投資標的,假設信託金額為3,000萬元,每年投資報酬率為5%,每月給二兒子生活費6萬元,銀行信託費0.3%,如此規劃年度收支盈餘約有69萬元(本案例未考慮稅與匯率為計算基礎)。計算式如下:

計算式:

年收入:3,000萬元×5%=150萬元

年支出:銀行信託手續費3,000萬元×0.3%+6萬元×12(給付二兒子)=81萬元

年度收支盈餘=150萬元－81萬元=69萬元

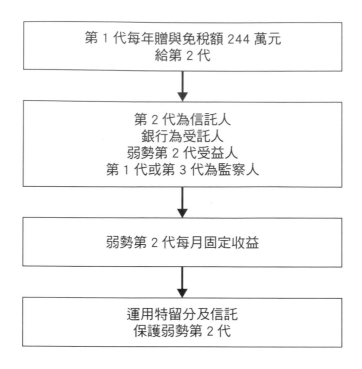

第 1 代每年贈與免稅額 244 萬元
給第 2 代

第 2 代為信託人
銀行為受託人
弱勢第 2 代受益人
第 1 代或第 3 代為監察人

弱勢第 2 代每月固定收益

運用特留分及信託
保護弱勢第 2 代

**圖 4-11　規劃步驟圖**

規劃利益

1. 第1代透過每年免稅額244萬元贈與第2代,降低遺產稅基。

2. 第1代運用信託機制保護第2代弱勢兒子財產。

3. 立遺囑方式,將弱勢兒子之特留分以信託方式每月給付生活費。

4. 銀行為受託人,作穩健金融商品投資,可收穩定之管理費收入,
　 客戶可產生現金流,達客戶與銀行雙贏局面。

## 案例 12

**第1代透過股權信託方式，將股票交給銀行作本金自益、孳息他益的方式，將持股每年所產生之股息移轉給第2代，可節省贈與稅賦。**

**案例背景**

G君第1代65歲，他有兩位兒女都已成年，他長期投資上市公司股票，該上市公司每年配發現金股利約3元，股價約50元，總市價約2億元。他想趁著在低利率時期，將持股作股權信託，利用本金自益、孳息他益的方式，將持股每年所產生之股息移轉給第2代，可節省贈與稅負。

**規劃目的**

1. 上市公司股票作股權信託方式，以本金自益、孳息他益（第2代）可節省贈與稅負。
2. 提早運用每年免稅額244萬元作信託贈與，降低遺產稅基。

**規劃步驟**

1. 第1代G君為委託人，他保有股權，只是把未來能夠取得的股東紅利預先信託贈與第2代，由於在信託當時，無法明確得知未來該公司股利能發放多少金額，所以依郵局一年定儲固定利率為信託期間每年的孳息報酬率，來核算贈與稅，若是績優配息穩定好公司將可達到節稅效果。
2. 但國稅局常引用實質課稅原則，對於信託股利、股權的計算做了

函釋加以限制，例如：知悉當年配息才辦信託，則當年度不可納入信託規劃，詳細規劃細節，仍要請教銀行信託承辦人員或會計師專業人員。

3. 第1代G君持有上市公司之股票，由於稅務之考量每年作一筆信託，將每年所配發之股票股利、現金股利予第2代，於是G君將股票交付銀行信託（採本金自益、孳息他益）

以4,000萬上市股票，贈與5年股息，郵局一年定儲利率假設1.05%折現值約1%，若該上市公司未來發股息為7%，則每一筆信託就加速移轉給第2代財富808萬元。

---

**計算式：**

4,000萬元×1%×5＝200萬＜244萬元

4,000萬元×7%×（1～28%採分離課稅）×5＝1,400萬元

1,400萬元－200萬元＝1,200萬元（透過本金自益，孳息他益，每年加速移轉財富給第2代）

---

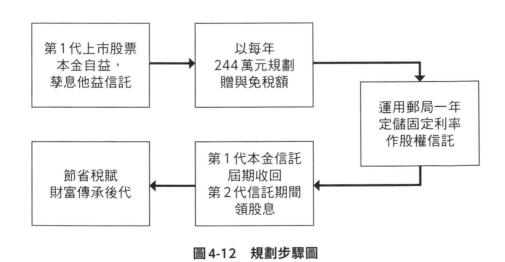

圖4-12　規劃步驟圖

規劃利益

1. 運用上市公司優質穩定配息股票作股權信託方式,可節省贈與稅賦。
2. 第1代提早運用每年免稅額244萬元以信託規劃作贈與,降低遺產稅基。

第 3 篇

# 中小企業家族
# 融資與財務

# 第 5 章
# 中小企業家族
# 融資規劃案例

　　台灣有98%是中小企業，有些企業主在本業經營專精，但在財務方面尚有不足。如何透過銀行資金，幫助中小企業成長，使銀行與企業主創造雙贏。企業主如何運用資產活化去創造財富與傳承規劃，下有十幾個經典案例，分析如下：

## 案例 1

**中小企業主B君擁有土地，另BB家族公司擁有該地上建物所有權，該等土地與建物一併提供給銀行作融資之擔保品，該融資款項作投資都計內農用農地案例分析**（本案例應依當時政府法令為依規）

**案例背景** 中小企業主B君（第1代）66歲，每年租金收益240萬元，名下擁有土地價值1億元，該土地上之建物為BB公司所擁有，第1代或第2代名義融資，若B君之第2代（35歲）要投資4,000萬都計外之土地或都計內建地，該如何規劃？

### 規劃目的

1. 第1代與家族公司之財產，作第1代或第2代借款之擔保，創造第2代之財富。
2. 為第2代創造信用及財富傳承規劃。

### 規劃步驟

1. 若購買農地農用土地，以B君（第1代）擔任為借款人，提供名下土地及BB公司建物作為擔保，申請以個人投資理財名義借款（只繳息），先投資理財商品，待金融商品贖回後，再將部分金額匯去其他行庫，交付土地款項。所購買農地農用之農地再贈與第2代，得免課贈與稅。

　　徵取BB公司為連帶保證人，應注意以下幾點：

(1) 公司章程是否標註得對外保證？

(2) 應徵取董、監事會議決議錄，載明提供不動產予B君借款，並擔任該筆連帶保證人。

2. 若購買都計外土地（例鄉村區農建地），應改以第2代擔任借款人，第1代及BB公司擔任連帶保證人，其餘規劃皆同。

3. 若購買都計內住宅區、商業區建地，因央行規定僅能借4成，不得另以周轉金或其他名目，額外增加貸款金額，應僅能承作買賣價金尾款，若第2代有固定薪資收入，整體還款來源較不足，應徵取B君（第1代）作為保證人，並解釋還款來源，如B君每年贈與款項及投資收益等作為償還來源。

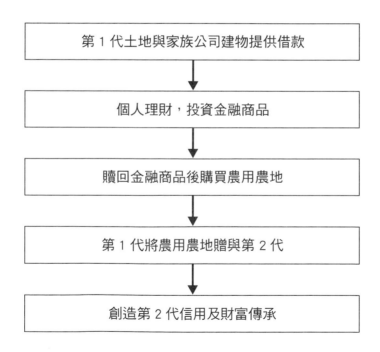

圖5-1　規劃步驟圖

規劃利益

1. 高資產人士可利用自然人與法人之資產活化，運用借款創造負債及贈與第2代，或創造第2代之信用，達財富創造與財富傳承效果。

2. 客戶如此規劃將可增加銀行存款、授信及財管等業務，可增加銀行手續費收入。

案例 2

## 外保、內貸，也就是海外關係企業的存款，提
## 供台灣企業貸款之案例（本案例應依當時政府法令為依規）

案例背景　A公司設立於海外香港公司（OBU），甲君為主要股東兼
負責人，在香港營運賺錢繳完稅後淨利有美金200萬元。
另A公司之關係企業台灣的B公司（DBU）同一負責人：甲君，計
劃投資台灣C醫療生技公司，需要運用香港A公司資金，如何規劃
該資金流程？

規劃目的

1. 可將國內、外關係企業資金活化，創造利潤極大化。
2. 了解國內、外關係企業資金運用之不同方案。

規劃步驟

　　第1方案：香港A公司（OBU）將帳戶內美元，以關係企業借
貸，直接匯入台灣的B公司美元帳戶，然後結匯成新台幣後轉投資
C醫療生技公司。

　　第2方案：透過台灣銀行業，以存、放款模式，即香港的A公
司（OBU）與台灣的B公司（DBU），兩家關係企業，在台灣的銀
行開戶後，香港A公司（OBU）將錢匯入，並存定存後，提供給台
灣的B公司（DBU）定期存款質押借款，借出新台幣去轉投資C醫

療生技公司。惟香港A公司（OBU）之公司章程需〈得對外保證〉，且需經董事會議記錄決議同意。（如圖5-2）

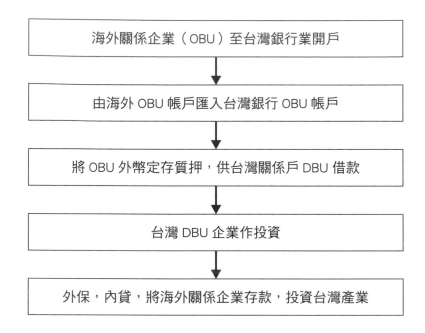

圖5-2　規劃步驟圖

第3方案：香港A公司（OBU）向往來銀行申請開發保證函，保證台灣B公司（DBU）之借款保證，如此，台灣B公司（DBU）將可順利取得資金轉投資C醫療生技公司。

第4方案：香港A公司（OBU）向往來銀行存外幣定存，再經定存提供質權設質後，由台灣B公司（DBU）在台灣借款新台幣，如此，台灣B公司（DBU）將可順利取得資金轉投資C醫療生技公司。

規劃利益

1. 以第1方案取得資金，是海外關係企業（OBU）資金靈活運用，它屬於關係企業資金往來，成本較省，但台灣的B公司（DBU）仍需要有利息的支付，才符合公司治理原則。

2. 以第2及第4方案取得資金，是海外關係企業資金活化，它需要透過銀行協助，由海外A公司（OBU）的資金，轉移給台灣的B公司（DBU）運用，如此，較合常理，也是台商調度資金常用的方式之一。

3. 以上各種方案，需透過銀行辦理。若透過銀行存、放款或匯款，則銀行有利息收入或手續費收入。如此，客戶可得到他們要的需求，將資金由海外公司移轉至國內公司使用，客戶與銀行可創造雙贏局面。

**案例 3**

### 國內保證、國外貸款之融資方式，也就是國內台灣企業之財產提供海外公司借款之案例（本案例應依當時政府法令為依規）

**案例背景** B公司在台灣有廠房地900坪，市價約3億元，另在中國大陸轉投資C境外公司，兩公司相同負責人。109年間在台灣之B公司有借款額度1億元，另中國大陸之C境外公司須貸款美金額度200萬元，匯至中國大陸C境外公司作營運週轉金，108年間台灣美金貸款利率2～3%，中國大陸美金貸款利率5～6%，如何作融資規劃？

台商之大陸關係企業向境外金融機構融資辦法
1. 融資前需經大陸之外管局核准（外債登記）
2. 境外金融機構融資金額不得超逾〈投註差〉：外商投資企業〈總投資與註冊額之資本差額〉（例如：登記資本100－投資到位60＝對外舉債最多40）

规劃目的

1. 將國內企業不動產加以活化，供境外關係企業使用，降低關係企業融資利率。
2. 了解國內、外關係企業，才可在銀行辦理國內企業保證、國外關係企業貸款。

1. 國內、外關係企業融資均超過新台幣3千萬元,所以兩家要辦理會計師融資簽證。

2. 國內外兩家公司之公司章程須得對外保證。

3. 設定抵押權時,債務人須同時列台灣B公司與大陸C境外公司,義務人為台灣B公司。

4. 大陸C境外公司融資條件,須徵取台灣B公司本票背書或參加連帶保證人。

5. 須徵取台灣B公司之董事會議記錄。

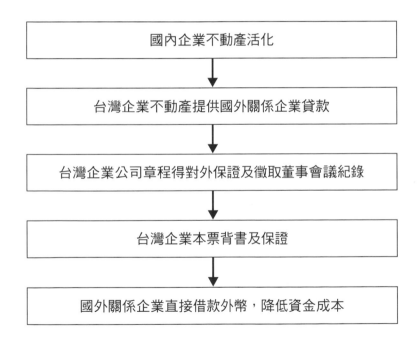

**圖5-3 規劃步驟圖**

規劃利益

1. 將台灣企業擁有不動產加以活化，提供國外子公司借錢，降低資金成本。

2. 銀行可增加新台幣與外幣放款外，也可增加國際匯兌業務，增加利息收入與匯兌收入。

## 案例 4

**中小企業主擁有多處出租廠房地，資產活化，
再投資新廠房出租規劃案例。** （本案例應依當時政府法令
為依規）

**案例背景**　第 1 代 D 君 57 歲，第 2 代分別 26 及 28 歲。DD 公司擁有 7
個廠房，除 1 個自用外，另有 6 處都是出租，其中有 4 個廠
房市價約 5 億元，多無設定抵押權。D 君認為將現有廠房資產活
化，再購買廠房出租，可創造現金流，銀行比較會支持，所以規劃
以現有無貸款之廠房地，向銀行貸款購買已蓋好的廠房出租，以收
取租金，將可享受通貨膨脹後，房地產上漲的利益。

**規劃目的**

1. 以現有無設定抵押權之廠房資產活化，再投資廠房，以抗通貨膨
   脹。
2. 資產活化再投資在廠房出租，可產生穩定的現金流。
3. 作好公司股權配置，將可節省贈與稅與遺產稅，如將 DD 公司廠
   房提供給家族閉鎖性投資股份有限公司[12] 融資，取得資金再以公
   司名義作投資，以降低遺產稅。

---

12　閉鎖性投資股份有限公司：參照公司法第 356 條之 1-14。

1. 以現有無設定抵押權之廠房資產活化，再投資房地產，要依當時政府法令為法規是否可行，如111年間購買都市內住商建地，只可貸款4成，且銀行不得以其他名義配合貸款另6成部份，本案是購買已蓋好的廠房，當可不受中央銀行的信用管制。

2. DD公司有4個廠房市價約5億元，未提供第三者設定抵押權，可評估向銀行申貸市價6成約3億元（5億元×0.6＝3億元），購買現有之廠房出租。若每月所收的租金可付銀行貸款利息，本金可做定額還本。如每月只攤還10萬元，如此在通貨膨脹下貨幣貶值，廠房將有增值利益。

3. 成立1間A閉鎖性投資股份有限公司，該公司股權，由D君（第1代）及其第2代擁有，用贈與方式給予子女款項或由第1代提供財產給子女向銀行取得資金，再利用投資公司陸續買下DD公司股權，以傳承的角度經營該家族閉鎖性投資股份有限公司。以節稅角度看，第1代股權可2%（夫妻各1%），第2代股權可提高至98%，另為控管風險，擔憂子女未來不懂事有突發狀況，擬發行特別股2萬元（夫妻各1萬元），特定事項否決權特別股（黃金股），在公司章程解任董事、監察人、變更章程、減資、公司解散、合併、分割等事項享有否決權，並於章程訂定特別股有1,000倍表決權，此做法可仍讓第1代擁主導公司經營。另子女的股權也可以信託方式受託管理，以保障子女股權之安全。

**權益架構（每張1,000股，每股10元，每張1萬元）**

**計算式：**

- 普通股　　　　　100萬股　　　　資本額1,000萬元
- 第2代女兒　　　 占98萬股　　　 計表決權98萬權（98%）
- 第1代發行2萬股夫妻（各1萬股）　計表決權2萬權（2%）
- 第1代取得公司發行複數表決權之特別股，一股取得1,000權表決權，共計發行2萬股（2萬股×1,000權／股＝2,000萬權）
- 表決權：2萬權＋2,000萬權＝2,002萬權（第1代）＞98萬權（第2代）

4. 為節稅傳承，建議家族應成立A閉鎖性投資股份有限公司對外投資，將第1代持股降低至2%，第2代持股提高至98%，並發行特別股2萬股，表決權數1,000倍，且享有否決權，將經營決策權掌握在第1代手上，如此規劃，第1代持股下降，降低遺產稅，將可達到節稅效果。

5. 本案例第2代才26～28歲，須透過第1代夫妻贈與488萬元轉作資本額，可規劃公司資本額500萬元，之後每年作贈與後再作現金增資。若要較大的投資，則提供第1代或DD公司提供房地產貸款作投資，才會產生綜效。

6. A投資公司若獲被投資公司之股利，可採繳不分配盈餘稅率5%，取代以自然人採分離課稅28%之稅基，作家族財富傳承至後代。

7. 將來第2代結婚生子，有了第3代時，第1代和第2代可每年贈與的錢，由第3代以現金增資方式入股A公司股權，第3代將持股逐漸提高，可有效降低第1、2代持股比例，將透過股權將財富傳承至第3代，如此，可達財富傳承效果。

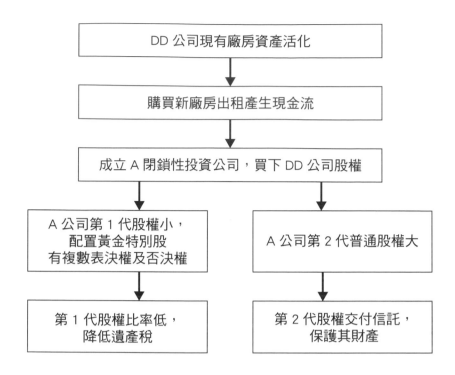

圖 5-4　規劃步驟圖

規劃利益

1. 以現有無設定抵押權之廠房資產活化，再投資廠房地以抗通貨膨脹。

2. 資產活化再投資在廠房，可產生穩定的現金流。

3. 經規劃後，中小企業主第1代無稅務風險，且可做傳承規劃，將第1代股權降低，再透過閉鎖性股份有限公司發行複數表決權之黃金特別股，對公司有控制權；第2代股權提高，達降低遺產稅及財富傳承之功效。

4. 若以大金額長期持有上市櫃股票，股利可採繳不分配盈餘稅率5%，取代以自然人分配時採分離課稅28%之稅基，將可降低稅基。

5. 可將第1代的資產與現有DD公司廠房，提供給閉鎖性投資公司資產活化作投資，把家族投資公司資產作大，將財富傳承至後代。

6. 銀行可增加存款、放款、信託及財管業務及增加利息、證券與財管手續費收入等業務。

## 案例 5

### 以家族閉鎖性投資股份有限公司[13]取代第1代持有100%有限公司股權,降低遺產稅基（本案例應依當時政府法令為依規）

**案例背景**

E君第1代58歲,E君有子女3人（第2代21～25歲）E君設立A有限公司經營電子產品買賣20幾年,資本額2千萬元,主要股東是夫妻兩人,經營有成,累積了不少財富。今想要作財富傳承規劃。設置B閉鎖性投資股份有限公司,將第2代股權放大,第1代持投下降,再配置黃金特別股。再以B閉鎖性投資股份有限公司持有原有第1代之A公司100%股權,將來以B閉鎖性投資股份有限公司作融資與投資,該如何作規劃?

**規劃目的**

1. A有限公司股權變更為A股份有限公司,並印製股票,且至金融機構作股票簽證。
2. B閉鎖性投資股份有限公司,將第2代股權放大,第1代持投下降,再配置黃金特別股。
3. 以家族式之B閉鎖性投資股份有限公司,持有原A公司夫妻100%股權。
4. 規劃B閉鎖性投資股份有限公司,將可節省贈與稅與遺產稅,以降低遺產稅基。

---

13 閉鎖性投資股份有限公司:參照公司法第356條之1-14。

規劃步驟

1. 成立B閉鎖性股份有限公司,該投資公司股權,由E君(第1代)及其第2代擁有,用贈與方式給予子女款項或由第1代提供財產給子女向銀行取得資金,再利用投資公司陸續買下原第1代擁有之A公司股權,以傳承的角度經營閉鎖性投資股份有限公司。以節稅角度作規劃,第1代股權2%(夫妻各1%),第2代股權可提高至98%,另為控管風險,擔憂子女未來不懂事有突發狀況,擬發行複數表決權之特別股2萬股(夫妻各1萬股),特定事項否決權特別股(黃金股),在公司章程解任董事、監察人、變更章程、減資、公司解散、合併、分割等事項享有否決權,並於章程訂定特別股有1,000倍複數表決權,此規劃後第1代擁有主導公司經營之主導權。

**權益架構**(每張1,000股,每股10元,每張1萬元)

**計算式:**

- 普通股　　　　　100萬股　　　　　資本額1,000萬元
- 第2代子女　　　　占98萬股　　　　計表決權98萬權(98%)
- 第1代發行2萬股夫妻(各1萬股)　　計表決權2萬權(2%)
- 第1代取得公司發行複數表決權之特別股,一股取得1,000權表決權,共計發行2萬股(2萬股×1,000權/股=2,000萬權)
- 表決權:2萬權+2,000萬權=2,002萬權(第1代)>98萬權(第2代)

2. 本案例第2代才21～25歲，須透過第1代夫妻贈與488萬元轉作資本額，所以公司成立時的資本額為500萬元，之後每年作贈與再作現金增資。若要較大的投資，則提供第1代或A公司房地產作為抵押品，將融資的款項作投資（公司章程須得對外保證，且須徵取董事會議記錄），才會產生投資綜效。

3. 為節稅傳承，建議家族應成立B閉鎖性投資股份有限公司對外投資，將第1代持股降低至2%，第2代持股提高至98%，並發行特別股2萬股，表決權數1,000倍，且享有否決權，將經營決策權掌握在第1代手上，如此規劃，第1代持股下降，降低遺產稅基，將可達到節稅效果。

4. B閉鎖性股份有限公司獲被投資公司股利分配，可採繳不分配盈餘方式只繳未分配盈稅率5%，取代以自然人採分離課稅28%之稅基，將家族財富傳承至後代。

5. 將來第2代結婚生子，有了第3代時，第1代和第2代可每年贈與的錢，由第3代以現金增資方式入股B閉鎖性投資股份有限公司股權，第3代將持股逐漸提高，可有效降低第1、2代持股比例，將透過股權移轉將財富傳承至第3代，如此代代相傳，B閉鎖性投資股份有限公司達傳承節稅效果。

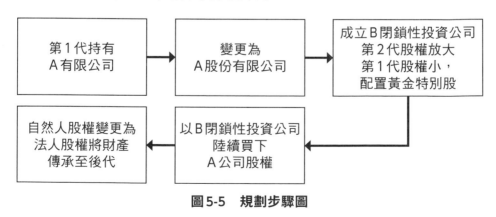

圖5-5　規劃步驟圖

規劃利益

1. 經規劃後，中小企業主第1代可將畢生財富傳承至後代。透過家族B閉鎖性投資股份有限公司，將第1代股權降低，第2代股權提高，另發行黃金特別股，第1代對公司有控制權，達財富傳承之效益。

2. 若B閉鎖性家族投資公司，從A公司分配股利時可繳付不分配盈餘稅率5%，取代未規劃時第1代以自然人分配時採分離課稅28%之稅率，達節稅效果。

3. 可將第1代與A公司的資產透過資產活化，提供給家族B閉鎖性股份有限公司融資後款項作投資，把家族B閉鎖性投資股份有限公司資產作大，將財富傳承至後代。

4. 銀行可增加存款、放款及財管業務，進而可增加授信利息、簽證與財管手續費收入等業務。

### Ｆ中型建設股份有限公司，向銀行辦理土地、建築融資，提高自有資金投資報酬率案例（本案例應依當時政府法令為依規）

**案例背景** Ｆ中型建設股份有限公司，是一家族企業之中小企業，家族約佔股權5成，其餘股份是親友所持有。資本額3千萬元，若公司資金不足再以股東往來補足，但若全部以自有資金投資興建的話，資金只能承作一中型建案，且全部使用自有資金的話，投資報酬率比向銀行融資70%為低。若要提高自有資金投資報酬率，則須向銀行辦理土地與建築融資。2021年7月台灣實施房地合一2.0，對土地與建築貸款管制，都市內建地只能融資4成，另1成須等取得建照開工後才能動用。對中型建商而言，都市內、外之土地與興建之建物融資條件為何？貸款成數幾成？利率與開辦費多少才合理？

規劃目的

1. 運用銀行資金，提升自有資本投資報酬率。
2. 選擇適合的銀行往來，取得較佳的授信條件。
3. 建案選擇土地以都市計劃內危樓與都市計劃外之甲或乙建地，以提升土地貸放成數。

規劃步驟

1. 2021年7月台灣實施房地合一2.0，對土地、建築貸款管制，都市內建地只能融資4成，另1成須等取得建照開工後才能動用，但對都市內30年以上危樓建築，土地就不設限制貸款成數，看各家銀行內部規定，貸款成數可依買賣賣價之7至8成。另都市計劃外之鄉村區與農業區建地也不管制，銀行貸款成數可到7成。另銀行對興建房屋時會搭配建築貸款，一般稱為建築融資，銀行搭配建築融資貸款成數約5至7成。

2. F公司自有資本只3,000萬元，若資金不足時再以股東往來補足，假設在南投市土地150坪，每坪市價12萬元，規劃4戶4樓透天，每戶售價1,500萬元，每戶建坪60坪，每坪建築成本11萬元。本案例以有無向銀行土地與建築融資各70%，經分析其投資報酬率如下：

(1) 以自有資金興建：

計算式：

土地成本：12萬元×150＝1,800萬元

建物成本：11萬元×（60×4）＝2,640萬元

管銷成本為總售價12%＝6,000萬元×12%＝720萬元

總成本：1,800萬元＋2,640萬元＋720萬元＝5,160萬元

總售價：1,500萬元×4＝6,000萬元

總利潤＝6,000萬元－5,160萬元＝840萬元（全部自有資金，稅前）

投資報酬率＝840萬元／5,160萬元＝16.2%（全部自有資金，稅前）

(2) 假設銀行塔配土、建融各7成，開辦費10萬元，利率3%，期間2
年投資報酬率分析如下：

**計算式：**

土地成本：12萬元×150＝1,800萬元

建物成本：11萬元×（60×4）＝2,640萬元

管銷成本為總售價12%＝6,000×12%＝720萬元

興建總成本：1,800萬元＋2,640萬元＋720萬元＝5,160萬元

自有資金30%（銀行融資70%）：（1,800萬＋2,640萬）×30%＋720萬＋
197萬＝2,249萬元

銀行利息費用等：（1,800萬＋2,640萬）×70%×3%×2年＝187萬＋開
辦費10萬＝197萬元

配合銀行貸款興建總成本＝1,800萬元＋2,640萬元＋720萬元＋197萬元
＝5,357萬元

總售價：1,500萬元×4＝6,000萬元

自有資金總利潤＝6,000萬元－5,357＝643萬元（30%自有資金，稅
前）

自有資金投資報酬率＝643萬元／2,249萬元＝28.6%（30%自有資金，
稅前）

(3) 若是都計內土地，又不是危樓情況下，可與地主合建，或地主將
土地付款買清後，建商再與地主打合建契約，向銀行申請土地5
至7成之地主保證金，惟地主之土地需提供銀行設定抵押權（視
各銀行規定，可只提供土地作物保，不作人保），如此合建方式
建商購地成本相對較低。

由上分析，全案以自有資金投入稅前之投資報酬率為16.2%，若配合銀行融資70%，則稅前投資報酬率為28.6%。是故，建商能配合銀行之融資，若政府管制下，銀行雖銀行提高貸款利率下，建設公司若能取得銀行資金配合，仍可創造更多的利潤。

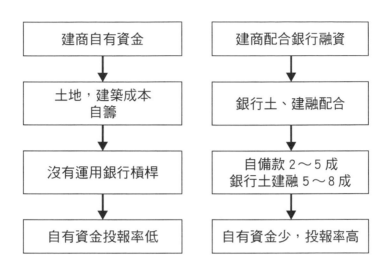

圖5-6　規劃步驟圖

規劃利益

1. 選擇適合的銀行往來，取得較佳的授信條件。各銀行建築融額度可5成，也可7成，當中小企業若能貸到7成時，報酬率將可再提升。所以要運用銀行資金，提升自有資本投資報酬率。

2. 建地標地以都市計劃內危樓與都市計劃外之建地，將可以提升土地貸放成數至7至8成，比都計內建地4加1成，能取得更多的融資，將可提升報酬率。

3. 銀行能配合客戶融資，將可創造放款與手續費收入，銀行與客戶可創造雙贏局面。

## 案例 7

G股份有限公司之廠房地與部份個人廠房，設定2順位抵押權，提供負責人借款投資金融資產之案例。（本案例應依當時政府法令為依規）

**案例背景** G股份有限公司資本額3千萬元，年營收9千萬元，該公司之廠房土地2,000坪，該地上物之廠房有4棟，分別G公司2棟廠房建物，負責人G君與G君之二弟各1棟廠房建物，乙銀行評估價值5億元，甲銀行融資2.5億元，設定抵押權3億元。今負責人G君規劃再向乙銀行融資1億元作投資金融資產，以廠房地設定第2順位抵押權。惟G君之二弟可提供廠房建物作物保，個人不作融資保證人，請問可否規劃授信額度？條件為何？

規劃目的

1. 公司之不動產活化，提供負責人設定抵押權向銀行融資，作個人投資理財週轉金。

2. 公司法規定，公司章程須得對外作保，公司財產才可提供抵押權，及向第三者作保證。

3. 公司須開董事會決議同意提供名下房地廠房之土地及建物設定抵押權。

4. 將家族公司財產加以活化，作金融商品投資套利，創造負責人財富。

規劃步驟

1. 公司章程須得對外作保,且公司須開董事會決議同意提供名下廠房之土地及建物設定抵押權,公司財產才可提供設定抵押權,另徵取公司負責人G君作保。

2. 甲銀行設定抵押權3億元,雖只融資2.5億元,但乙銀行評估價值5億元要扣除甲銀行設定抵押權3億元,來計算放款額度,只可承作1億元,投資優質股票或海外投資等級公司債之金融資產套利。

**(假設貸款成數為不動產之評估價8成)**

**計算式:**

不動產評估價值5億元×0.8－3億元(甲銀行設定抵押權)=1億元(乙銀行可承作放款額度)

3. G君之二弟只提供該擁有之建物設定抵押權,個人可不作連帶保證人,惟銀行在申請授信案件時須說明清楚。

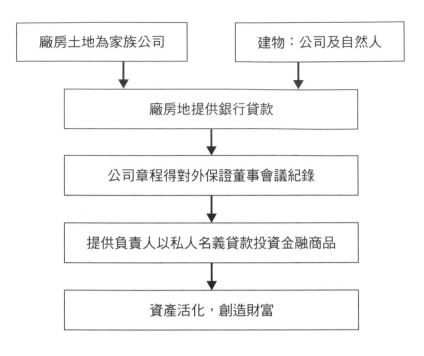

圖 5-7　規劃步驟圖

規劃利益

1. 家族公司財產加以活化提供負責人個人融資，提升資產的運用效果。

2. 受銀行法72-2條規定限制，購置不動產與土地與建築融貸款不得超過所吸收存款之30%，若該銀行法72-2條額度已滿，就須像本案例，以一般週轉融資科目貸放才可承作。

3. 銀行須了解授信法規，了解客戶的需求後提出客戶可接受的條件建議下。客戶承作放款與投資金融商品，銀行有放款利息收入與財富管理手續費收入；G君以資產活化作投資與放款間套利創造財富，銀行與客戶創造雙贏局面。

## 案例 8

### 國外來料加工再出口之三角貿易形態個案解析

（本案例應依當時政府法令為依規）

　　台灣許多中小企業之生產工廠是做為國外知名品牌之加工廠，他們製造過程之原、物料、配件均需要品牌認證，如美國ADIDAS或日本亞瑟士等鞋業公司，他們鞋子每一款式，從打樣至產品製造過程的原、物料均需要認證之協力廠商配合。生產過程中之原、物料不論是進口或當地採購，經加工後再出口，在生產加工過程中需要週轉資金，除自有資金外，大部份外來資金，多來自銀行融資挹注。如以下個案分析。

**案例背景**

C股份有限公司（DBU）在台灣為財務調度中心，在中國大陸、越南、印尼等關係企業（OBU）設有研發中心及生產基地，主要生產運動鞋、休閒鞋及其他專用鞋等，100%外銷歐、美與日本等國家，主要客戶如美國ADIDAS及日本亞瑟士等國際知名品牌。每年營業額達幾十億元。C股份有限公司是一個根留台灣之製鞋公司，台灣員工包含財務人員、部份研發人員及派駐海外之台籍幹部。台灣負責資金調度及進、出口業務，金融資金往來業務多透過台灣的銀行業操作。在台灣（DBU）營業額約5億元，銀行融資約4億元。另在海外關係企業（OBU）營收25億元。該公司於2020年間，在越南租土地9,000坪，再擴廠20條生產線，

評估要花費10億元建廠資金之投資案，因該土地係向越南政府租用，且在越南之廠房地提供給台灣銀行設定抵押權是有困難的，遇到此困難，該如何規劃財務？

規劃目的

1. 將台灣中小企業（DBU）與國外關係企業作合併財務報表，並請會計師作融資簽證。如此年營業　收入由台灣（DBU）營業額5億元加海外關係企業（OBU）合併營收25億元，該集團總營收則由5億元提高至30億元，可提升融資能力。

2. 由會計師編製國內、外財務合併報表，使營業額提升，將可解決金融相關法規銀行授信規範：「對企業短期週轉融資授信不得大於營業額」。

規劃步驟

1. 請會計師做2020年度大陸、越南（OBU）與台灣（DBU）等地區營收合併報表之會計師融資簽證，以反應該公司之實際營業收入，間接展現經營實力。將台灣中小企業與國外關係企業作合併財務報表，並請會計師作融資簽證。如此年營業收入由台灣（DBU）營業額5億元加海外關係企業（OBU）營收25億元，該集團總營收則由5億元提高至30億元，可提升融資能力。

2. 越南的土地所有權是國有，也就是沒有私人產權，所以沒辦法比照台灣銀行業融資將廠房地提供給台灣的銀行業設定抵押權。是故，台灣的銀行只能選擇承作短期購料融資及中、長期機器分期貸款，廠房貸款部份則建議至越南當地的銀行申請融資。

3. 銀行不只是提供資金給中小企業，更重要的是銀行協助客戶的財

務規劃能力，如本個案若銀行沒有向該公司提出海內、外帳務合併報表，營業收入由5億元，提高至30億元，並請會計師作合併報表之會計師融資簽證的建議。尤其C公司（OBU）在擴廠後須要更大的授信額度，向台灣銀行取得機器中長期融資、進口開發信用狀或營運週轉金，就可能因授信金額大於台灣的營業收入（營業與授信比率[14]大於100%），而產生瓶頸，相對影響企業成長。

4. 如該企業投資在海外設廠（越南、中國大陸等），一般投資在國外的廠房、機器等金額很大，又不可能拿回台灣當銀行授信抵押品，但是中小企業在台灣那有那麼多的擔保品可供設定抵押權？依銀行授信審查標準，對企業融資會看借款人好不好、資金用途合不合理、償還能力強不強、授信展望有無前景後，再評估值得貸款給該企業，而不是只看有無擔保品為准駁依據。之前國外廠商，買貨會開發信用狀（L/C），企業可用信用狀去銀行辦理外銷貸款，將可取得該信用狀金額80%的融資。若信用狀6億元，則以L/C貸款8成，就可向銀行貸款4.8億元去付原料貨款或工資等週轉金。但現在企業交易模式改變，貨到45天後才T/T匯款，所以從原料、製造到出貨後拿到錢，多要積壓很多資金。所以公司累積很多應收未收款，若沒有銀行資金配合，事業要做大真的相對困難。

5. 在國外設廠的階段需要更多的設備資金與週轉金，銀行對企業融資是會有幫助的，尤其台灣中小企業正邁向國際化的過程中，銀行業資金挹注將更形重要。特別是在海外設廠生產，須透過境外

---

14  營業與授信比率：每年營業額／授信總額。

公司向銀行開發信用狀，若無台灣銀行業支持中小企業，要在國外要在當地取得大額融資是很辛苦。是故，若有銀行資金協助，對中小企業成長過程是很大的幫助，相對的，企業在成長階段，沒有銀行資金的協助，將會遭遇到許多困難。

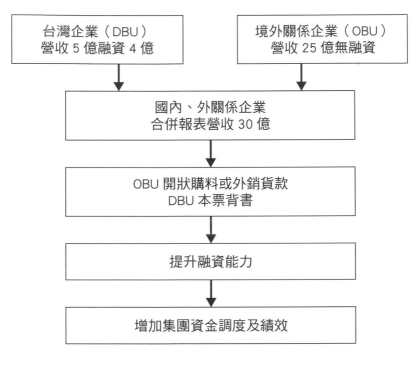

**圖 5-8　規劃步驟圖**

規劃利益

1. 該公司必須有會計師對國內、外財務合併報表作融資簽證，因為金融相關法規明定銀行授信規範：「對企業短期週轉融資授信不得大於營業額」，故以該公司2020年國內營收5億元，已融資4

億元，若擴廠後從台灣採購所需之購料週轉金[15]會超過年營業收入，如此銀行業，對該公司短期營業週轉金就會被設限。若作國內、外關係企業合併報表，則營業收入提升為30億元，將可解決營業收入與授信比率問題，相對容易向銀行取得融資額度。

2. 該公司提供經會計師融資簽證之合併報表經後，比較容易取得建廠後機器融資、購料與營運週轉金。

3. 作者認為一個企業成長過程中，須靠銀行支持，可以使用銀行資金，但要小心，銀行也會雨天收傘，除非銀行真正瞭解及支持該企業。台灣早期本土的銀行太重視擔保品，你有多少擔保品，就借你多少錢，不像外商銀行要借錢給企業，對企業的未來、企業的遠景，及企業負責人之專業度及企圖心、管理能力等作評估准駁之判斷。

4. 本個案當擴建廠房完成生產後，其產能可望提升，進而可增加營業額與利潤，因財務在台灣操作，所以台灣的銀行將可賺更多金融業務相關的利潤，如放款利息收入、外匯收入等，對台灣銀行業及社會貢獻頗有助益。

---

15 購料週轉金：係企業購買原料向銀行申請開發遠期信用狀，作為交易工具，等交易完成後再由銀行再融資給企業90至180天不等之週轉金。

## 案例 9

### 進口原料加工再出口之三角貿易形態個案解析

（本案例應依當時政府法令為依規）

**台灣是海島型國家，許多原、物料均需要依賴進口，但台灣市場小，所以必須仰賴出口，以賺取外匯。許多中小企業是大型企業之衛星工廠，中小企業進口原料經加工後，再出售給中、大型企業，經再次加工後，外銷出口到歐、美及日本等地區，如以下個案。**

**案例背景**　EE公司成立於1990年間，創業初期該公司為節稅考量，財務報表損益年年虧損，淨值偏低，負債比率偏高，造成融資困難。該公司主要生產製鞋用的牛皮加工製造，至2019年公司營業額超過10億元，該公司為豐泰和寶成等大鞋廠之專業代工廠，該公司有今天的成就，非一夕可及的，除了負責人在本業著墨外，尤其銀行的金融專業和銀行資金協助，更是該公司成功的關鍵要素。

### 規劃目的

1. 中小企業為節稅考量，財務報表損益年年虧損，淨值偏低，負債比率偏高，造成融資困難，建議現金增資以改善財務結構。
2. 不要怕繳稅而製作年年虧損財務報表，應依實際營運，真實反應該公司財務報表。

3. 俟公司財務報表調整後移送中小企業信用保證基金，取得較大的授信額度，擴大再生產。

規劃步驟

解析：

1. 該公司係一傳統的中小企業，企業主EE君從事本業多年，對產品研發和品質的控管，達業界水平之上，但負責人：甲君對業務與研發等專精，但財務方面業務，全權交給會計人員和會計師處理。該公司成立前幾年為了節稅考量，財務報表連續三年虧損，所以很難向銀行取得融資。

2. 該公司營業額逐年成長，需要向國外購買原料，所以必須向銀行申請進口開狀融資，多家銀行針對財務報表評估後，因淨值偏低，負債比率偏高，且年年虧損，造成融資困難。

3. 若銀行能適時的以金融專業向該公司財務報表提出建議，如洽請該公司要辦理現金增資，不要怕繳稅而財務報表作年年虧損，應真實反應該公司的經營與財務實力。

4. 該公司會計制度獲得改善後，才是該公司的轉捩點，因財務結構改善後之財務報表，再向銀行申請開狀額度，授信條件：移送中小企業信用保證基金，如此可增加向銀行融資擔保力，將可順利取得營運週轉金。

5. 該公司取得銀行開狀額度後，在牛皮原料價格低點時，開發進口遠期信用狀向海外進口。因大量採購價格較低，如此，該公司就可以取得較低的原料成本，可見中小企業有銀行融資協助，對事業拓展有很大的幫助。

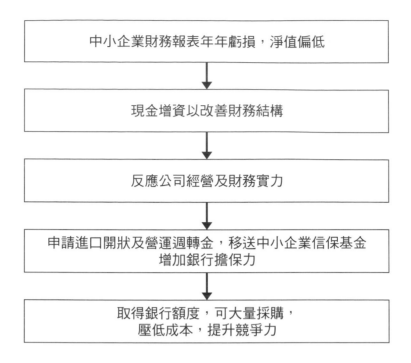

中小企業財務報表年年虧損，淨值偏低

↓

現金增資以改善財務結構

↓

反應公司經營及財務實力

↓

申請進口開狀及營運週轉金，移送中小企業信保基金
增加銀行擔保力

↓

取得銀行額度，可大量採購，
壓低成本，提升競爭力

**圖5-9　規劃步驟圖**

規劃利益

 優點：

1. 由本個案得知在當代社會分工下專業是很重要的，許多企業家在
   本業研發或製造都很強，但在財務管理較弱，若銀行能以一個顧
   問師的角色，對客戶給予輔導與建議。如本案例，銀行對該公司
   財務報表給予正確觀念的引導，改善該公司的財務報表。
2. 當該公司真實反應財務報表之營業額和獲利性，銀行就可移送中
   小企業信保基金配合融資，公司就可較順利取得銀行週轉金。

3. 企業有銀行資金的支持，則可擴大再生產，當擴大再生產則可增加員工僱用人數，每一員工為公司產生剩餘價值的貢獻，相對的提升企業的盈餘，如此就可多繳營業稅和營利事業所得稅，對社會影響深遠。

4. 銀行因企業的成長則可增加進口開狀、營業週轉金、存款、外匯與員工薪資轉帳等業務，企業可得到所要的資金，使企業擴大再生產，公司的營業額每年不斷的成長，創造銀行與客戶雙贏局面。

案例 10

**三角貿易形態之進口買賣業個案解析**（本案例應
依當時政府法令為依規）

**台灣中小企業於 1990 年代，因土地、工資不
斷的上漲，促使許多勞力密集如製鞋業、製衣業等
外移至中國大陸、越南等東南亞國家，許多下游協
力廠商及國際貿易業也跟著位移，其中三角貿易形
態之進口原、物料，而使用在境外註冊的紙上公司
（Paper Company），在台灣操作三角貿易，也就
是台灣負責接單，從東南亞各原料產地進口至中國
或越南銷售，在此貿易形態轉換過程中，中小企業
主是非常需要銀行的金融專業與資金的挹注。如以
下個案。**

案例背景

BB 公司成立於 1988 年間，從事進口天然橡膠、人造橡膠
及黑煙等進口貿易買賣，因銷售之輪胎業和鞋業外移至東
南亞，如中國大陸、越南等地區生產。該公司買賣生意不得不跟著
改變交易模式，原來進口至台灣的貨物，直接由出產地運送到中國
大陸或東南亞國家。該公司資本額 1 億元，在台灣之營業額約 2 億
元；另開立境外公司（簡稱 OBU），每年營業額達 8 億元，其公司
之財務管理操作模式，就必須透過境外公司操作，台灣產業外移所
衍生之融資模式也必須有所改變。在台灣的銀行透過境外公司開發
進口遠期信用狀，進口貨品至第三國家。從主要產地為東南亞各

國，如泰國、馬來西亞、印尼等國進口天然橡膠；或從較先進國家，如香港、韓國、日本、英國、荷蘭及美國等地區進口人造橡膠和黑煙至中國和越南等地區出售。

規劃目的

1. 透過銀行進口開狀協助中小企業完成三角貿易交易
2. 會計師對境外公司融資簽證，以取得銀行的信任與符合銀行授信規範
3. 透過銀行金流協助，完成兩案三地之三角貿易模式

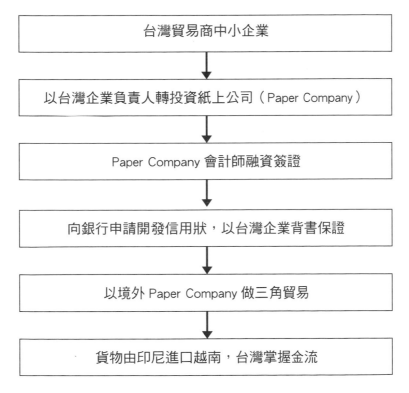

圖 5-10　規劃步驟圖

1. BB公司透過向台灣的銀行開發進口遠期信用狀,將橡膠等貨品,由泰國等出口地區直接運往進口地中國大陸與越南等地區。如此操作對銀行業是頗有風險。因貨品無進口台灣而直接運往第三地區,如此就無法掌握開發信用狀進口之貨源,但台灣產業外移,又不得不運用三角貿易模式開發信用狀。由台灣開發信用狀,由東南亞各國進口天然橡膠,直接運送至中國和越南等地區出售,貨物沒進台灣。銀行怕風險,而不願意接受開發信用狀,如此對BB公司影響很大,所以透過銀行進口開狀協助中小企業完成三角貿易交易。

2. 台灣雖然產業外移,但企業總部和財務調度都還在台灣,企業的根其實都還在台灣,中小企業不得不跟大企業產業外移,所以就用大股東名義去中國大陸或越南等地投資,因當時台灣訂單漸漸減少,中國大陸的工廠由小型、中型至大型,所以當時多運用三角貿易模式,也就是台灣DBU公司(母公司),透過境外公司(Paper Company)由香港轉口至中國大陸,當時以Paper Company公司開狀,由第三地區出口貨品,經香港轉口到中國大陸,BB公司想要透過境外公司開狀,由香港轉口至中國大陸。該公司之提單上貨物到香港並轉口大陸,銀行沒辦法掌握貨源。但其實信用狀之收貨人(Consignee)是指定開狀銀行,提單需要經過銀行背書後,該公司才可到港口領貨物。

3. 該公司要到海關提貨,提單是需要銀行背書的。若該貨船先到達港口,押匯文件未到達,則該公司也要到銀行辦理還錢或承兌

後，才可做提單之副提單背書提貨[16]或擔保提貨[17]，經銀行簽章後才可能向船公司提貨，其實貨品掌握權仍是在銀行手中，何況該境外公司之母公司還在台灣。若銀行能了解該公司的需求，規劃進口開狀額度。該公司在中國大陸有合約，透過「來料加工」就可免稅。該公司銷售給在大陸生產工廠的台商，經會計確認就在台灣母公司開支票付貨款給該公司。本個案會計師認為：該公司貨品沒進口到台灣，該公司的買貨商開支票給該公司（DBU），那該公司的帳務進出會有問題，所以就建議用大股東名義開票付給該公司貨款，也就是用私人支票付款。但在80年代台灣接單陸續萎縮，只剩下總部和研發留置台灣，所有生產都在大陸，如此交易金額越來越大，但該公司收的都是大陸交貨的台商個人支票，該支票要拿去銀行辦理融資。銀行很難了解這些個人票，又沒有發票可以佐證交易是真的？或是假的？所以銀行得拿出貨帳單加以佐證。

4. 後來就透過境外公司操作，當時麻煩又來了，若透過 Paper Company 境外公司開發進口信用狀，但境外公司只是紙上公司，資本額又小，難掌握它的風險度，很難取得銀行申請到開發信用狀額度。後來銀行建議境外公司需辦理融資簽證，但在香港的紙

---

16 副提單背書提貨：係指進口商於申請開發 LC 時，洽請開狀銀行在 LC 上規定正本提單一份，逕寄進口商。即正本提單之第二份（稱副提單），其餘之正本提單由出口商持向押匯銀行提示辦理押匯。進口商將副提單送交開狀銀行請求背書後，進口商可憑銀行背書副提單背書提貨之正本 B/L，向船公司換 D/O 辦理進口報關提貨。

17 擔保提貨：係指進口商已接獲船公司或其代理行之到貨通知單，而貨運單據尚未寄達銀行，若進口商急需提領該貨物時，可逕向船公司索取空白提貨申請書，向銀行申請簽發擔保提貨書，進口商憑以向船公司換取 D/O 辦理進口報關提貨。

上公司，台灣的會計師在台灣，如何有可能幫該境外公司簽證？最後會計師透過當地會計師一起辦理融資簽證，如此瓶頸被突破了，境外公司（paper company）融資簽證。該境外公司到銀行申請進口開狀額度，貨物到第三地區，都很順利取得融資。該境外公司一定要突破「會計師融資簽證」，協助台灣企業的營業額因產業外移，營業額會持續萎縮，但境外公司會持續提高營業額，若沒有突破境外公司會計師融資簽證，那該公司之事業拓展將會受限。

5. BB國際股有限公司營業額只有2億元，另以負責人BB君名義在海外成立之境外公司，年營業額達8億元，該境外公司需要開發進口遠期信用狀額度約3億元。因該公司是屬於境外公司，名下無擔保品，但銀行對授信額度達3,000萬元需提供會計師融資簽證。銀行額度及條件規劃如下：

額度：開發進口遠期信用狀額度約3億元。

條件：

(1)徵取台灣母公司（BB國際股份有限公司）本票，由境外公司背書。

(2)徵取買賣台商個人票據在中國大陸交貨之貨款，作為進口貨款到期之還款來源。所徵取之客票，因發票人怕郵寄時遺失，故該支票常是禁止背書轉讓註記，故對該公司所提供之客票，若有禁止轉讓註記亦可接受。且因其在中國大陸交貨，所以在台灣並沒有開發票，故該等徵取之應收客票免徵交易憑證。

6. 本個案操作流程圖[18]：

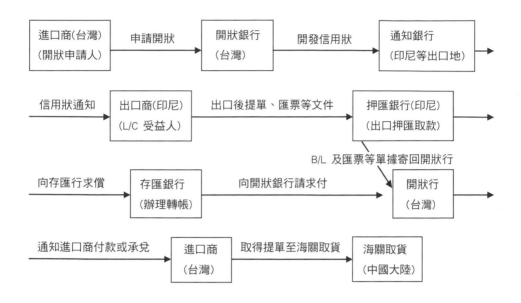

**OBU 進口三角貿易操作流程圖**

規劃利弊

1. 進口商以三角貿易方式，進口原物料至第三國賣售，如此國際貿易由原國對國貨物買賣，轉移到第三國間做買賣，也就是銀行與BB公司之間進口開狀模式也要跟著調整，其實會計制度的轉軸點，對境外公司的會計師融資簽證是很重要的，它才具有公信力，才會符合銀行的法規與信任。

2. 在企業全球化下，國家與國家之間的國際貿易頗為發達，在專業

---

18 劉鎮評，2011，東海大學博士論文，銀行在台灣中小企業主財富創造與傳承扮演之社會意涵：83。

分工下，原、物料生產國，無不以出口該國原料的收入換取所必須之物品，當然牽涉到各種貨物間交換就會涉及到兩國之間進出口貿易。進出口貿易除貨物流程外，在資金流程方面，不論是進口商開發信用狀或是國際匯兌關係，無不透過銀行為中介。尤其開發信用狀為交易媒介之進口融資，促使兩國間國際貿易更能安全順利運作。若有銀行扮演資金融通重要角色，在本案例可了解，台灣中小企業有金融專業和銀行資金的協助下，國際貿易可位移至其他地區貿易往來，得以日漸成長。

3. 由本個案可了解，銀行的專業與銀行資金對企業之成長相當重要，企業可擴大營業版圖，銀行可增加授信與外匯業務，可說是創造雙贏。

4. 本個案之境外公司（Paper Company）之稅賦，CFC[19]於112年實施，相關法令須與專業會計師咨詢。

---

19  受控外國企業CFC（Controlled Foreign Company）：2023年CFC制度上路後，境外公司當年度產生的盈餘將視同分配，不再有稅務遞延效果。CFC2022年以前之盈餘，則以實際分配時才計入個人海外所的課徵基本所得稅額。

> ## 案例 11

### 外銷形態之生產事業個案解析（本案例應依當時政府法令為依規）

台灣中小企業為了要生產外銷產品，所以在廠房和機器設備，要投入大量資本性支出，其自有資本常有所不足，常要依外來資金挹注。資本性支出是中、長期資金，若運用外來之短期資金，容易造成以短支長，則公司的財務週轉容易造成困難，若有銀行業能專業建議，對中小企業影響深遠，如以下，CC股份有限公司個案分析。

**案例背景** CC股份有限公司，成立30幾年，主要生產辦公傢俱及書桌椅等，80%外銷歐、美地區和日本，近年來營業額達5.5億元，近年來建廠資金達6億元，建廠資金部份以銀行借短期營運週轉資金流用，有以短支長之情事。且該公司係一台灣傳統之中小企業傢俱製造廠商，利潤非常低之傳統產業，因資金規劃不當，容易造成週轉風險。

---

規劃目的

1. 銀行協助中小企業營運資金，使企業能擴大再生產。
2. 短期資金不得使用於長期用途，否則易造成企業週轉風險。
3. 中小企業須有國際觀，由內銷轉外銷市場，將可提升獲利率與競爭力。

1. 該公司研發能力強，若能由內銷市場轉外銷市場，將可提升競爭力。

2. 該公司提供廠房做為擔保，將廠房貸款期限由中期貸款7年拉長為長期貸款15年較佳，如此每月攤還金額才不會很出力。

3. 廠房貸款額度外，若仍有營運週轉金不足時，可再配合信用放款，惟須移送中小企業信保基金，若信保基金承保8成，銀行純信用風險才2成，如此擔保力尚佳情況下銀行才較願意承作，如此當可增加該公司之營運所需資金。

4. 當該公司若有銀行營運週轉資金注入後，就可擴大再生產，進而至海外參展，逐漸轉型為外銷績優廠商，如此營業額才可提升，相對的需要雇用更多工作人員，對社會貢獻良多。

5. 當客戶得到營運資金後就可擴大再生產，在本業創造了更多財富，銀行則可賺利息收入和外匯手續費收入等，銀行與企業可創造雙贏局面。

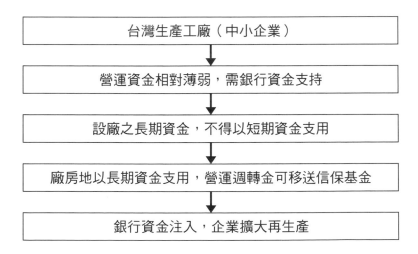

圖5-11　規劃步驟圖

1. 本個案CC公司具有研發能力，惟欠缺財務規劃能力及國際觀，若銀行能以專業的建議，將7年期之中期貸款轉為15年期之長期貸款，減少還款壓力，當增加營運資金後，可提高生產力，創造更多的盈餘。

2. 銀行能以專業的建議由內銷轉外銷，至國外參展及利用網路行銷，才能掌握全球化商機。

3. 21世紀工業化、國際化，中小企業並不再像60年代，以標會或向基層金融以提供十足擔保品為抵押，以當舖方式取得銀行融通資金。而是必須充分運用銀行的金融專業協助，如銀行透過政府金融系統之中小企業信保基金，如此，形成有系統的金融服務體系。

4. 該公司向銀行取得流動資金後，就有能力到國外參展，使得企業體質改變，原該公司外銷只2成，經轉型後3年外銷出口提升至營業收入8成，為台灣賺更多外匯。

5. 該公司有銀行資金挹注後擴大再生產，增加雇用員工，提升就業機會，進一步對整體社會經濟有所貢獻。相對的銀行與企業兩者業績均有所成長，創造雙贏局面。

# 第6章
# 中小企業家族財務規劃案例

　　台灣企業，大致可分大企業，中小企業與小企業，其中以中小企業佔98%。但中小企業一般財力不是特別雄厚，借款的條件也比大企業差，若沒有提供十足的不動產為擔保，在擔保力不足的條件下，向銀行融資較為困難。若能參考一些中小企業財務規劃案例，善加運用中小企業信保基金保證和信託機制等金融工具，加以規劃授信額度，則中小企業較容易向金融機構取得資金，對企業經營幫助很大，下面幾個案例供參考。

## 案例 1

### 110年7月後實施房地合一稅2.0，企業主運用公司股份移轉方式，一併移轉不動產作買賣之個案

**解析**（本案例應依當時政府法令為依規）

**案例背景**

KK君於109年2月1日投資A股份有限公司（非上市櫃公司、有印製股票）股份100萬股，另KK君之小孩持股合計20萬股，每股成本10元，如果KK君在110年12月1日出售20萬股，每股出售價格30元，若A公司名下持有房地產，在何種情況下符合房地合一課稅條件？應繳納多少稅額？

規劃目的

1. 投資股權以自然人法人化的規劃效益分析。
2. 有限公司與股份有限公司之稅務差異分析與稅務規劃。

規劃步驟

情境一：股份有限公司總發行股數200萬股，公司淨值3,000萬元（其中不動產價值佔2,000萬元）。

情境二：承接情況1，若A公司為有限公司，結果有何不同？

情境三：A股份有限公司總發行股數100萬股，KK君與二等親持股合計過半數，公司淨值6,000萬元（其中不動產價值佔4,000萬元）。

**解析：**

　　自110年7月1日起，符合下列三條件之股權或出資額交易將視為房地交易，適用房地合一稅。

(1) 個人直接或間接持股（或出資額）過半數（出售前一年，最長不超過110年7月1日）。

(2) 公司淨值是否有50%價值來自台灣不動產。

(3) 公司股票非屬上市、上櫃或興櫃股票。

情況一：不屬於房地合一課稅範圍，因KK君與二等親持股合計未過半數不動產交易所得：600萬元（出售價格）－200萬元（成本）＝400萬元，綜所稅要併同基本所得額計算基本稅額：（400萬元－750萬元）×20%＝0

情況二：不屬於房地合一課稅範圍，因KK君與二等親持股合計未過半數不動產交易所得：600萬元（出售價格）－200萬元（成本）＝400萬元
視為財產交易所得，要併同綜所稅申報（稅率5%～40%）

【建議：出售或移轉股份前，可先辦理改成股份有限公司，將變成適用情況1之模式，免課稅。】

情況三：屬於房地合一課稅範圍，因KK君與二等親持股合計過半數，且公司淨值50%來自台灣不動產不動產交易所得：600萬元（出售價格）－200萬元（成本）－600萬×3%（證交稅／上限30萬元）＝382萬應納稅額（持有2年內45%）：382萬元×45%＝171.9萬元

【建議：出售或移轉股份前，可先辦理其他股東之股本增資作業，讓KK君與二等親持股合計未逾50%，不符合房地合一課稅條件，變成適用情況1之模式，免課稅。】

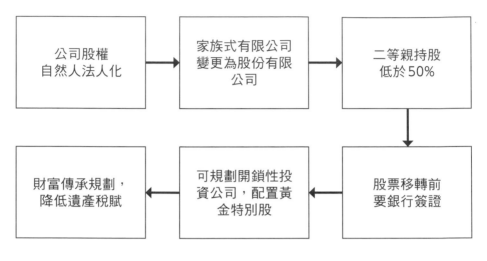

圖6-1　規劃步驟圖

規劃利益

👍 優點：

1. 中小企業主擬移轉股權至第2代，或想運用傳承規劃，設立閉鎖性投資公司，將自然人持股法人化。

2. 第1代規劃購買分6年以上期繳保障型人壽保險商品，運用最低稅負制度，於3,740萬元免稅額內，以第1代為要、被保險人，指定受益人為第2代，達到傳承效果。

3. 股份有限公司未來印製股票簽證，該銀行亦可配合增加業務往來機會及收益。

案例 2

## 公司股權出售須納入房地合一稅 2.0 之精典案

例（本案例應依當時政府法令為依規）

**案例背景** 張 A 君為甲有限公司之負責人，甲公司總發行股數 100 萬
股，每股成本 10 元，公司淨值 6,000 萬元，其中不動產價
值佔 4,000 萬元，A 君與配偶自 105 年 12 月 10 日起持有股份 60 萬
股，餘 40 萬股為友人持股。今 A 君有意在 111 年 6 月 1 日欲出售 60
萬股予新設立之閉鎖性投資公司（A 君家族公司），每股出售價格
30 元，試問此出售股權情形是否符合房地合一課稅條件？該如何
建議？銀行可帶來何種商機？

規劃目的

1. 未上市公司擁有不動產超過資產半數，且個人股份比例也超過半
   數之售股調整。
2. 股份有限公司與有限公司售股之不同解析。
3. 未上市公司以股票移轉財產，須如何規劃，才能達節稅效果。

規劃步驟

**解析：**

　　自 110 年 7 月 1 日起，符合下列三條件之股權或出資額交易將視
為房地合一稅 2.0。

(1) 個人直接或間接持股（或出資額）過半數（出售前一年，最長不超過110/7/1）。

(2) 公司淨值是否有50%價值來自台灣不動產。

(3) 公司股票非屬上市、上櫃或興櫃。

以上情況屬於房地合一課稅範圍，因A君及配偶持股合計過半數，且公司淨值50%來自台灣不動產，且公司股票非屬上市、上櫃及興櫃不動產交易所得：30元×600（股）＝1,800萬元

應繳稅基：1,800萬元（出售價格）－ 600萬元（成本）－
　　　　　1,800萬×3%（證交稅／上限30萬元）＝1,170萬

應納稅額（持有超逾5年20%）：1,170萬元×20%＝234萬元

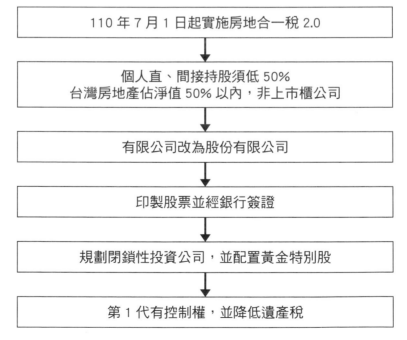

圖6-2　規劃步驟圖

## 一、A君的規劃如下：

1. 出售或移轉股份前，須先將有限公司改成股份有限公司。

2. 其他股東辦理增資作業至少21萬股，讓張君與配偶持股合計未逾50%，致使不符合房地合一課稅條件。

3. 股權應分2年出售（印製股票），每年出售30萬股，將交易所得控制於750萬免稅額內。

   每年不動產交易所得：900萬元（出售價格）－300萬元（成本）
   ＝600萬元

   綜所稅要併同基本所得額計算基本稅額：（600萬元－750萬元）
   ×20%＝0

## 二、對銀行業務成長之優點如下：

1. 此為運用閉鎖性股份有限公司，規劃黃金特別股之經典案例，透過該議題之建議，將自然人持股法人化規劃財富傳承。若銀行能針對客戶需求，適時給予客戶建議及解析，客戶會感受銀行專業，能給予客戶較同業間不一樣之價值，雖然家族財富規劃是會計師承辦業務，但未來公司設立與相關金流會以該銀行為主軸，進而可帶來各項業務往來。銀行有拓展各項業務往來之機會，適時推薦財管商品，增加銀行財管收入。

2. 公司未來印股票及簽證，銀行可增加簽證費收入等。

### 中小企業操作外匯選擇權利弊個案解析 （本案例應依當時政府法令為依規）

台灣有98%是中小企業，中小企業不管是生產業或一般事業，其草創之初通常規模較小，大部份企業主對研發或行銷有專精，老板娘掌管財務管理。老板娘角色在其丈夫創業過程中大部份是掌管會計和資金的調度，所以銀行員與老板娘熟悉，許多金融商品就會藉機會行銷，如外銷企業因有外匯業務，就會介紹外匯選擇權相關金融商品。

**案例背景** A中小企業，主要業務係腳踏車裝配出口之生產工廠，2016年營收13億元，企業主負責業務和生產，老板娘負責財務。與8家往來銀行操作美元對人民幣之選擇權[20]，美元對人民幣TRF[21]，執行價US\$1：CY\$6，它是複雜型選擇權之賣出買權，每一契約於每月5 日比價1次，須比價24次（個月）契約內容不

---

20　選擇權：選擇權（options）是一種契約，其持有人有權利在未來一定期間內（或特定到期日），以約定價格向對方買進（或賣出）一定數量的標的資產（ubderlying asset）。不論買權（call）或賣權（put），它們都可以被買進（long）或賣出（shot），故有4種基本操作方式：買進買權（long call）通常是進口商，是付權利金、賣出買權（shot call）通常是出口商，是收權利金、買進賣權（long put）通常是出口商，是付權利金與賣出賣權（shot put）通常是進口商，是收權利金。

21　TRF：Target Redemption Forward （目標可贖回遠期契約）

得中途停止比價，當比價匯率大於US$1：CY$6時就開始損失，如比價匯率大於US$1：CY$6.1時就會損失，因人民幣一直貶值，致使損失12億元，造成財務週轉不靈而倒閉，工廠1,500坪被銀行拍賣求償。

| 規劃目的 |

1. 承作比價24次之複雜型選擇權改為比價1次簡單型選擇權。
2. 在現有外幣存款金額內作換匯或承作簡單型選擇權。
3. 可賣到想賣的匯率或賺取選擇權之權利金。

| 規劃步驟 |

## 一、本案例風險分析如下：

A公司一年營業額13億元，（1：30換算美元約4,300萬元），若每一家銀行承作一筆100萬美元複雜型之賣出買權，比價24次（個月），共有8家往來銀行，選擇權契約可能須交割金額達US$19,200萬元（US$100萬元x24x8 ＝ US$19,200萬元），風險遠超過年營業額US$4,300萬元，此賣出買權之選擇權並非規避風險用，而是在賭匯率收取權利金，當事人不知道當匯率反轉時是不可控制的風險。

美元對人民幣TRF，執行價US$1：CY$6，它是複雜型選擇權之賣出買權，每一契約於每月第5日比價1次，須比價24次（個月），當比價匯率大於US$1：CY$6時就開始損失，103至104年間，因人民幣一直貶值至US$1：CY$6.8所以造成損失慘重。

## 二、如何操作換匯與選擇權規避外匯風險，甚至還能獲利分析：

A公司係出口加工之中小企業，有外幣之來源，若有外幣存款可作換匯或承作簡單型選擇權之賣權，且須在外匯存款範圍內。例如A公司有美元500萬元，若有新台幣2,500萬元需求時，則可承作美金100萬元換匯，約定某一期間將美元轉換成新台幣，屆期時再將新台幣換回美元。另同時也可在現有部位（美元400萬元）內承作簡單型（只比價一次）外匯選擇權之賣出買權，若外匯匯率來到約定的匯率就執行交割（如現匯率1：28，約定三個月內若匯率來到1：30就須交割），未達約定匯率得賺取權利金。如此，在既有的外匯部位內作專業性的規劃，中小企業就不會受傷，且可賣到想賣的匯率，或可賺到權利金。

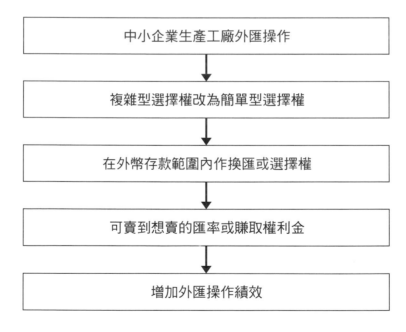

**圖6-3　規劃步驟圖**

　　由以上分析得知，在同一個金融系統下，中小企業主的成長背景各有所不同，銀行對金融商品建議承作的模式，也各有所不同的詮釋與解讀。何況許多中小企業主本身不是財務出身，中小企業主或許在研發或行銷能力很強，但在財務方面著墨不深，大部份只交給老板娘操作，老板娘又不一定有財務背景，銀行若能提供專業性建議，對中小企業與社會發展是很重要。若銀行能提供專業性的建議，中小企業就會受益無窮，就不會像本案例受傷累累。若本案例在所擁有之外幣範圍內承作換匯或承作簡單型選擇權之賣出買權，中小企業就不會受重傷，且可賣到想賣的匯率，或可賺到權利金。

案例 4

## A股份有限公司持有30幾年廠房資產活化與
## 傳承規劃案例（本案例應依當時政府法令為依規）

**案例背景** A股份有限公司是由3大家族持有，每1家族約佔股權
33.3%，第1代3位好朋友成立公司作製造業，由於業務之
需就陸續購買廠房地達10,000坪，該公司持有之廠房已超過30幾
年，由於通貨膨脹下都市內的土地，已上漲幾十倍，公司的業務仍
未大幅的擴張，營運所需的資金約需1.5億元，但廠房地市價超過
20億元，公告現值約6億元。公司主要股東是第1代，第1代已超
過80歲，須考慮傳承接班問題。如何規劃各股東的股權與作資產
活化作投資套利，是本個案須著墨的要點。

規劃目的

1. 股權自然人法人化之配置規劃。
2. 公司的廠房地活化，配置金融資產與購置工業用廠房出租。

規劃步驟

### 1. 股權自然人法人化之配置規劃

　　該公司股權主要股東3員都是第1代，且第1代年紀已達80
歲，且公司的公告現值約6億元，每一家族第1代持有之股份1/3，
依公告現值換算，則達2億元之遺產稅基，建議各家族成立閉鎖性
投資股份有限公司，各自成立閉鎖性股份有限公司，該公司股權，

由各家族第1代及其子女擁有，用贈與方式給予子女款項，或由第1代提供財產給子女向銀行取得資金，再利用投資公司將第1代的股權買下，以傳承的角度經營閉鎖性投資股份有限公司。以節稅角度看，第1代股權可1%，第2代和第3代股權提高至99%，另為控管風險，擔憂子女未來不懂事有突發狀況，擬發行特別股1萬元，特定事項否決權特別股（黃金股），在公司章程解任董事、監察人、變更章程、減資、公司解散、合併、分割等事項享有否決權，並於章程訂定特別股有1,000倍表決權，此規劃下第1代擁有主導權主導公司經營。

**權益架構**（每張1,000股，每股10元，每張1萬元）

**計算式：**

- 普通股　　　　　　100萬股　　　　資本額1,000萬元
- 第2代，三子女　　占99萬股　　　計表決權99萬權（99%）
- 第1代，父　　　　占1萬股　　　　計表決權1萬權（1%）
- 第1代再發行複數表決權特別股，一股取得1,000權表決權，共計發行1萬股（1萬股×1,000權／股＝1,000萬權）
- 表決權：1萬權＋1,000萬權＝1,001萬權（第1代）＞99萬權（第2代）

**2. A公司的廠房地活化，配置金融資產與購置工業用的廠房出租：**

　　A公司的廠房地市場價值20億元，可向銀行申請融資10億元，作中長期投資週轉金，以還息與定額還本方式，如申請7年期中長期週轉金，按月繳息，本金每月攤還8萬元，其餘額屆期收回或展期。4成資金投資於投資等級外國債券，另6成資金投資於工

業區或丁種工業廠房土地收取租金，在紙本位制下，貨幣持續通貨膨脹，則好地段的工業區廠房的價格，是有機會持續上漲；一方面可收租金，一方面養地。若以長期投資公司債之報酬，不對廠房地收租及未來廠房上漲或下跌進一步精算，計算式如下：

**計算式：**

1. 投資外國債券5億元，假設債券殖利率5%，每年收息：4億元×5%＝2,500萬元

2. 銀行10億元融資利息，假設利率2.3%，每年付息：10億元×2.3%＝2,300萬元

3. 每年定額攤還本金額：10萬元×12＝120萬元

4. 收支與攤還本金核算：債券收息2,500萬－利息2,300萬－還本金120萬＝80萬元（盈餘金額）

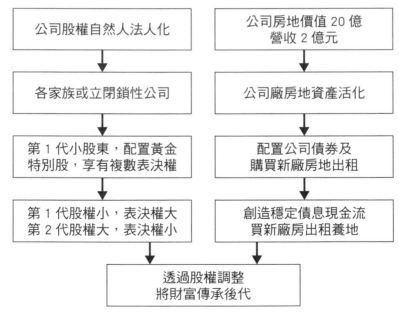

圖6-4　規劃步驟圖

1. 經規劃後，規劃閉鎖性投資公司取代第1代自然人股權，可做財富傳承規劃，將第1代股權降低，再透過發行黃金特別股，對公司有控制權；第2代、第3代股權提高，達節稅及財富傳承之功效。

2. 若以4成長期持有優質外國投資等級公司債，另6成的資金可投資工業區廠房地作出租，以收取租金與廠房增值獲利。

3. 銀行可增加存款、放款利息收入與財管手續費收入等業務。

案例 5

## 家族財產集中在第1代的男主人，沒作好財富傳承規劃，遺產稅的風險解析（本案例應依當時政府法令為依規）

**案例背景** G君（第1代，69歲）擁有現金500萬元與台中市精華地段約600坪，市價約10億元（公告現值4億元），出租於大賣場，每月收租金50萬元，不幸往生，經國稅局核算遺產稅6,930.2萬元。G太太與3個小孩（第2代，分別為36～42歲）名下無財產。他們為遺產稅煩惱，請問有什麼解套的方法？

遺產稅法規面探討

1. 遺產稅納稅義務人，應在被繼承人死亡日起6個月內辦理遺產稅申報。

2. 遺產稅納稅義務人收到核定納稅通知書之日起2個月繳納稅款，若繳款有困難時：

   第1個方式：可採分期付款，遺贈稅法第30條，遺產稅納稅義務人應納稅額在30萬元，可向國稅局申請18期以內繳付。每期間隔不超過2個月，也就是繳納期間最長3年，若未繳納將移送強制執行。

   第2個方式：以房地產實物抵繳，依稅捐稽徵法第24條規定，當被繼承人死亡起6個月內辦理遺產稅申報，當核定後遺產稅納稅義務人未繳遺產稅前禁止處分，將房子拍賣，若拿房地產作實物

抵繳遺產稅，以房地產之公告現值實物抵繳，則與市價差異甚大，非常不划算。

第3個方式：可以在繳納遺產稅的期間內，也就是6個月內將房子出售，若申請遺產稅分期繳納，就有更多時間可以處理。因房子緊急出售，則房價可能出售時會低於市價，但比公告現值高。就比直接拿房地產抵繳來得划算。

規劃方向

1. 未繳清遺產稅是無法辦理遺產移轉登記，但繼承人無錢繳付時，有什麼方法？

2. 若繼承人中有1人可先代繳，或可實物抵繳，但前提是要有實物可抵繳。

3. 若有提早規劃透過每年贈與下一代或將財產部份贈與給配偶，那就不會沒錢繳遺產稅了。

4. 可否以所有繼承人向銀行辦理專款專用的信用放款（超過所得22倍額度）繳付遺產稅？

規劃建議

1. 依贈與稅法，夫妻贈與免稅，建議G君必須規劃將一半的財產贈與夫人，若不放心可再作信託，以G太太為信託人，G君為受託人，G太太為受益人，仍由G君受託管理，信託期間終止日為G君過世時終止。

2. 依遺產及贈與稅第8條的規定：遺產稅未繳付前，不得分割遺產、交付遺贈或辦理登記，本案例，第1代的G君，他擁有現金500萬元與不動產市價約10億元（公告現值4億元），依111年稅

法規定他要繳稅如下：（若夫妻另一半行使剩餘財產請求權則遺產稅約可減半）

**計算式：**

遺產稅基＝500萬元現金＋40,000萬元公告現值－0貸款＝40,500萬元

遺產淨額＝40,500萬元－免稅額1,333萬元－扣除額859萬元＝38,308萬元

扣除額859萬元＝喪葬費138萬元＋配偶553萬元＋子女168萬元

遺產稅＝38,308萬元×20%－750萬元＝6,911.6萬元

G君繼承人，G太太與3個小孩，因沒錢也沒不動產可向銀行申請借款，所以可向銀行申請信用借款（因屬特殊的用途，不受信用借款不得超過所得22倍的規範），專款專用繳遺產稅，等繳付遺產稅後才可辦理登記後，再提供房地產給銀行辦理長期擔保借款，償還繳遺產稅之信用借款。

3. 第1代屬高資產人士，建議要提早規劃贈與，如向銀行辦理借款（可創造負債當遺產稅的減項），每年夫妻可贈與下一代每人244萬元，2人每年就有488萬元，10年就有4,888萬元，20年就有9,760萬元，餘下類推。如此以銀行辦理借款方式創造負債，當遺產稅的減項，經長時間的贈與，就可節省許多遺產稅，所借款項在未贈與前也可海外投資等級公司債或共同基金等。第2代也可將贈與的錢去作投資，如海外投資等級公司債、共同基金或保障型人壽保險等

4. 可保留現金或以第1代為要、被保險人，第2代為受益人，將保單規劃繳付遺產稅，以保單規劃，作預留稅源之用。

5. 可購買農地或山坡地，因市價比公告現值低，加上農地只要農用5年就可免課遺產稅，又可以公告現值作抵繳遺產稅，等於兩頭省。農地可種植有價值的樹木傳承下一代，該樹木長大會增值更加划算。

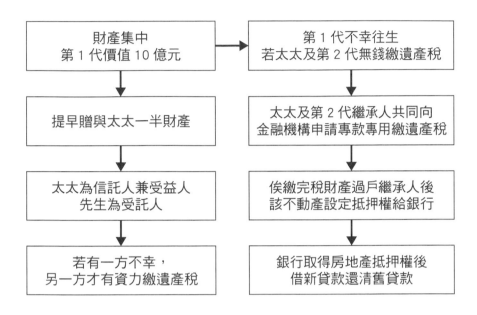

**圖6-5　規劃步驟圖**

規劃利益

1. 若有提早規劃將財產部份贈與另一半，當另一半有房地產時，也可拿到銀行借錢，那就不會沒錢繳遺產稅了。
2. 若第1代提早規劃每年免稅額244萬元贈與下一代，例如向銀行辦理借款創造負債當遺產稅的減項，經長時間的贈與，就可節省許多遺產稅。且也可積累第2代的財富，在繼承時就有財力去繳遺產稅，第1代若怕第2代將贈與的錢用掉，也可以信託加以保全。

3. 銀行若能運用其專業，以G君繼承人，G太太與3個小孩為借款人，申請信用借款，專款專用作繳付遺產稅，等繳付遺產稅辦理房地產登記後，再提供房地產給銀行辦理長期擔保借款，去償付之前向銀行融資繳遺產稅之信用借款，當可解決問題。

4. 可規劃以農地與山坡地繳遺產稅。

5. 銀行若能以顧問師角色，向客戶提出財富傳承可行之規劃建議，則客戶就可節省遺產稅，且第2代有財富，就有財力去繳遺產稅。銀行可增加放款、存款，財管等業務，當創造雙贏局面。

## 案例 6

### 中小企業主之公司，將股權集中在第1代，沒作財富傳承規劃下，稅務的風險解析（本案例應依當時政府法令為依規）

**案例背景** F君成立寵物通路 28 年，全省已有 10 幾個銷售據點，分成 10 幾家公司，資本額各自從 500 萬元至 1000 萬元間，集團年營收約 10 幾億元，主要股份為夫妻各 50%。F君夫婦 50 歲，育有 1 女 21 歲，如何作財務規劃？

規劃目的

1. 規劃第1代夫妻每年贈與 244 萬元予第2代，創造第2代資金來源，同時可降低遺產稅。
2. 規劃家族閉鎖性投資股份有限公司，將第1代持股降低，表決權數放大，掌握決策權，達節稅及財富傳承之效益。
3. 將第1代房地產提供給家族閉鎖性投資公司融資，取得資金再以公司名義作投資，以降低遺產稅。

規劃步驟

1. 成立 1 間 A 閉鎖性投資股份有限公司之投資公司，該公司股權，由F君（第1代）及其第2代擁有，用贈與方式給予子女款項，或由第1代提供財產子女向銀行取得資金之擔保品，再利用投資公司，陸續買下原有 10 幾家公司股權，以傳承的角度經營閉鎖

性公司。從節稅角度看，第1代股權可2％（夫妻各1％），第2代股權可提高至98％；另為控管風險，擔憂子女未來不懂事有突發狀況，擬發行特別股2萬元（夫妻各1萬元），特定事項否決權特別股（黃金股），在公司章程解任董事、監察人、變更章程、減資、公司解散、合併、分割等事項享有否決權，並於章程訂定特別股有1,000倍表決權，此做法可仍讓第1代擁有主導權主導公司經營。

**權益架構**（每張1,000股，每股10元，每張1萬元）

**計算式：**

- 普通股            100萬股       資本額1,000萬元
- 第2代：女兒       占98萬股      計表決權98萬權（98％）
- 第1代：2萬股，夫妻（各1萬股）    計表決權2萬權（2％）
- 第1代擬再發行複數表決權特別股，一股取得1,000權表決權，共計發行2萬股（2萬股×1,000權／股＝2,000萬權）
- 表決權：2萬權＋2,000萬權＝2,002萬權（第1代）＞98萬權（第2代）

2. 本案例第2代才21歲且在學中，須透過第1代夫妻贈與488萬元轉作資本額，所以公司的資本額才500萬元，之後每年作贈與後再作現金增資。若要較大的投資，則提供第1代不動產市價2億元，給A投資股份有限公司貸款1.4億元，再將所貸的款項作投資，才會產生綜效。

3. 為節稅傳承，建議應家族成立閉鎖性投資股份有限公司對外投資，將第1代持股降低至2％，第2代持股提高至98％，並發行特

別股2萬股，表決權數1,000倍，且享有否決權，將經營決策權掌握在第1代手上，如此規劃，第1代持股下降降低遺產稅，將可達到節稅效果。

4. A公司若獲被投資公司之股利，可採繳不分配盈餘稅率5%，取代以自然人採分離課稅28%之稅基，把家族財富傳承至後代。

5. 將來第2代結婚生子，有了第3代時，第1代和第2代可每年贈與的錢，由第3代以現金增資方式入股A公司股權，第3代將持股逐漸提高，可有效降低第1、2代持股比例，將透過股權將財富傳承至第3代，如此達傳承節稅效果。

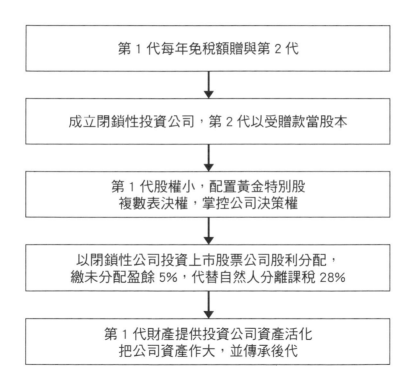

**圖6-6　規劃步驟圖**

1. 經規劃後，中小企業主第1代無稅務風險，且可做傳承規劃，將第1代股權降低，再透過發行黃金特別股，對公司有控制權；第2代股權提高，達節稅及財富傳承之功效。

2. 若以大金額長期持有上市櫃股票，股利可採繳不分配盈餘稅率5%，取代以自然人分配時採分離課稅28%之稅基，達到節稅效果。

3. 可將第1代的資產提供給投資公司活化作投資，把家族投資公司資產作大，並傳承至後代。

4. 銀行可增加存款、放款及財管業務、增加利息、證券與財管手續費收入。

**案例 7**

## G君以私人名義投資多家公司，如何以每一小孩規劃閉鎖性公司作傳承規劃案例（本案例應依當時政府法令為依規）

**案例背景** G君（第1代）62歲，第1代以私人名義投資多家公司，多很賺錢。G君育有3個小孩（第2代，25～32歲），每一個各有主張，害怕將來意見不合，且第1代累積太多財富，將來遺產稅會很高，所以想要以每一個小孩規劃1間閉鎖性公司作財富傳承。

**規劃目的**

1. 第1代規劃將自然人股權法人化，以降低遺產稅。
2. 每1小孩規劃1間閉鎖性投資公司作財富傳承規劃。

**規劃步驟**

**1. 股權自然人法人化之配置規劃：**

本個案建議各家族成立閉鎖性投資股份公司，成立1間閉鎖性股份有限公司之控股公司，該公司股權，由各家族第1代及其子女擁有，用贈與方式給予子女款項或由第1代提供財產給子女向銀行取得資金，再利用投資公司將第1代的股權買下，以傳承的角度經營閉鎖性公司。以節稅角度看，第1代股權可1％，第2代和第3代股權可提高至99％；另為控管風險，擔憂子女未來不懂事有突發狀況，擬發行特別股1萬元，特定事項否決權特別股（黃金股），在

公司章程解任董事、監察人、變更章程、減資、公司解散、合併、分割等事項享有否決權，並於章程訂定特別股有 1,000 倍表決權，此做法可仍讓第 1 代擁有主導權主導公司經營。

**權益架構（每張 1,000 股，每股 10 元，每張 1 萬元）**

計算式：

- 普通股　　　　　　100 萬股　　　資本額 1,000 萬元
- 第 2 代：三子女　　占 99 萬股　　計表決權 99 萬權（99%）
- 第 1 代：G君　　　占 1 萬股　　　計表決權 1 萬權（1%）
- 第 1 代擬再發行複數表決權特別股，一股取得 1,000 權表決權，共計發行 1 萬股（1×1,000＝1,000 萬權）
- 表決權：1 萬權＋1,000 萬權＝1,001 萬權（第 1 代）＞99 萬權（第 2 代）

2. G君有 3 個小孩，規劃每一個小孩各成立一家投資公司，將來各自持有投資公司使財富傳承更具彈性。

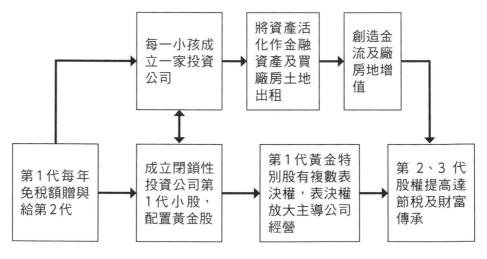

圖 6-7　規劃步驟圖

1. 經規劃後，成立閉鎖性公司取代第1代股權，可做傳承規劃，將第1代股權降低，再透過發行黃金特別股，對公司有控制權；第2代、第3代股權提高，達節稅及財富傳承之功效。

2. 銀行可增加存款、放款利息與財管手續費收入等業務。

## 案例 8

### H公司夫妻持股100%，持有30年之廠房買賣可否透過股權移轉方式以降低稅基？（本案例應依當時政府法令為依規）

**案例背景** H有限公司是塑膠製造業，成立30年，81年間以每坪6萬元購入500坪，工業區廠房3,000萬元，現該廠房土地每坪40萬元，時價約2億元，資本額4千萬元，年營業額9千萬元，主要股東是H君與H君太太，111年間想要處分該廠房，不知可否用股權移轉方式，以降低稅賦。

### 規劃目的

1. 將有限公司改為股份有限公司，再依證交稅法以股權買賣作準備。
2. 110年7月房地合一稅2.0，凡未上市公司，房地產佔公司淨值50%以上，二等親股份合計超過50%，股權移權需納入房地合一稅。
3. 本案須辦減資後，若由第三者增資，將H君家族股權降至49%以下，再以股權買賣，才可降低稅賦。

### 規劃步驟

**解析：**

1. 自110年7月1日起，符合下列三條件之股權或出資額交易將視為房地合一稅2.0。

(1) 個人直接或間接持股（或出資額）過半數（出售前一年，最長不超過110/7/1）。

(2) 公司淨值是否有50%價值來自台灣不動產。

(3) 公司非屬上市、上櫃或興櫃之股票者。

　　以上情況屬於房地合一課稅範圍，因張君及配偶持股合計100%，且公司淨值50%來自台灣不動產，且公司非屬上市、上櫃或興櫃股票，所以本案應適用房地合一稅課稅。

2. 本案若將有限公司改為股份有限公司後再將股權減資，再由第三者增資為新股東，分年陸續以現金增資，等新股東持股超過51%時，再將公司股份發行股票，並請銀行辦理簽證後，以股權買賣方式，或許免適用房地合一稅，而以證交稅扣繳千分之3，降低稅賦。

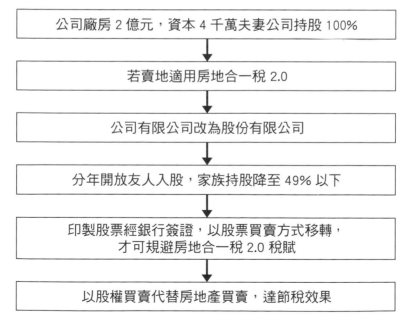

**圖6-8　規劃步驟圖**

1. 出售或移轉股份前，須先將有限公司改成股份有限公司。

2. 其他股東辦理增資作業至少持股51%，讓H君與配偶持股合計未逾50%，致使不符合房地合一課稅條件。

3. 股權買賣前須印製股票並經銀行作簽證，之後依證交法繳付證券交易稅千分之3，如此可降低稅賦。

4. 當公司印製股票後簽證，銀行亦可配合增加業務往來機會及簽證費收益。

案例 9

　　**甲股份有限公司，係中小企業，由4位好友股東組成，分配盈餘後個人所得高，如何規劃財務，才能做好財富創造與財富傳承。**（本案例應依當時政府法令為依規）

案例背景
　　甲股份有限公司，係中小企業，由4位好友股東組成，由於生產高科技之重要機器組件，公司獲利佳，每年分配盈餘後股東個人所得高，如何財務規劃，才能達到財富創造與財富傳承效果。

規劃目的

1. 每一個股東規劃1間閉鎖性公司作傳承規劃。將原來股權由第1代自然人，規劃轉變為法人化，以降低遺產稅。
2. 閉鎖性公司規劃第1代股權下降，並配置黃金特別股，第2、3代股權提高，達財富傳承效果。
3. 高所得人士之股息分離課稅最高28%，以投資公司繳5%未分配盈餘代替，將留在帳上資金作投資或傳承後代。

規劃步驟

**1. 股權自然人法人化之配置規劃：**

　　本個案建議各家族成立閉鎖性投資股份公司，取代原第1代之股權，規劃內容如下：各股東各自成立1間閉鎖性投資股份有限公

司，該公司股權，由各家族第1代及其子女擁有，用贈與方式給予子女款項，或由第1代提供財產給子女向銀行取得資金，再利用投資公司將第1代的股權買下，以傳承的角度經營家族閉鎖性公司。以節稅角度看，第1代股權可為1%，第2代和第3代股權可提高至99%，另為控管風險，擔憂子女未來不懂事有突發狀況，擬發行特別股1萬元，特定事項否決權特別股（黃金股），在公司章程解任董事、監察人、變更章程、減資、公司解散、合併、分割等事項享有否決權，並於章程訂定特別股有1,000倍表決權，此做法可仍讓第1代擁有主導權主導公司經營。

**權益架構**（每張1,000股，每股10元，每張1萬元）

---

**計算式：**

- 普通股　　　　　　100萬股　　　　資本額1,000萬元
- 第2代：子女　　　　占99萬股　　　計表決權99萬權（99%）
- 第1代：父　　　　　占1萬股　　　　計表決權1萬權（1%）
- 第1代擬再發行複數表決權特別股，一股取得1,000權表決權，共計發行1萬股（1萬股×1,000權／股＝1,000萬權）
- 表決權：1萬權＋1,000萬權＝1,001萬權（第1代）＞99萬權（第2代）

---

**2. 俟各家族成立閉鎖性投資公司後以傳承的角度作投資經營將財富傳承至後代，如配置金融資產與購置工業用的廠房出租等：**

　　假設帳上有1億資金規劃如下：將4成資金投資於投資等級外國債券（假設投資報酬率5%），另6成資金投資於工業區或丁種工業廠房收取租金（假設投資報酬率4%），在紙本位制下，貨幣持續

通貨膨脹，則好地段的工業區廠房的價格，是有機會持續上漲，一方面可收租金，一方面養地。若以長期公司債投資之報酬及廠房收租金達440萬元（沒考慮精算營所稅、土地與房屋稅等）。本案也不對未來因通貨膨漲後廠房上漲作進一步精算，計算式如下：

**計算式：**

1. 投資外國債券4千萬元，假設債券殖利率5%，每年收債券息：4,000萬元×5%＝200萬元

2. 投資廠房6千萬元，假設租金投報率4%，每年收租金：6000萬元×4%＝240萬元

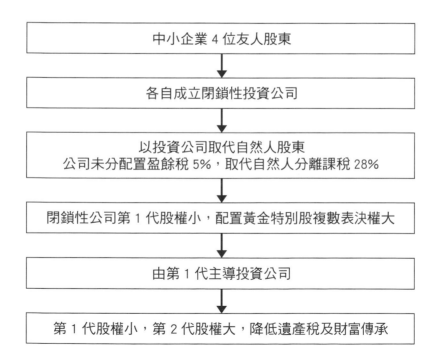

**圖6-9　規劃步驟圖**

**規劃利益**

1. 經規劃後，成立閉鎖性投資公司取代第1代股權，可做傳承規劃，將第1代股權降低，再透過發行黃金特別股，對公司有控制權；第2代、第3代股權提高，達節稅及財富傳承之功效。

2. 若以4成長期持有優質外國投資等級公司債券，另6成的資金可另投資工業區廠房，作出租收取租金與長期等待貨幣貶值，廠房增值獲利。

3. 若作投資在國際投資等級公司債，則可再質押借款後，再作投資，如此銀行與客戶均可創造雙贏。

案例 10

　　A有限公司夫妻及第2代持股合計100%，公司淨值3億元，其中台灣不動產達60%價值，可否透過股權移轉方式買賣降低稅賦？（本案例應依當時政府法令為依規）

案例背景　A有限公司是金屬製造業，成立28年，有一工業區廠房地6,000萬元，另有辦公室9,000萬元及員工宿舍3,000萬元，資本額2.6億元（公司淨值3億元），年營業額20億元，主要股東是A君夫婦95%，第2代5%。不知可否以處分不動產，用股權買賣方式移轉，降低稅賦。

規劃目的

1. 將有限公司改為股份有限公司，再依證交稅法以股權買賣作準備。

2. 110年7月房地合一稅2.0，凡未上市公司，房地產佔公司淨值50%以上，二等親股份合計超過50%，股權移權買賣需納入房地合一稅。

3. 本案須辦減資後，若由第三者增資，將A君夫婦及二等親之股權降至50%以下，或不動產價值佔公司淨值低於50%，再以股權買賣，才可降低稅賦。

規劃步驟

**解析：**

1. 自110年7月1日起，符合下列三條件之股權或出資額交易將視為房地合一稅2.0

    (1) 個人直接或間接持股（或出資額）過半數（出售前一年，最長不超過110/7/1）。

    (2) 公司淨值是否有50%價值來自台灣不動產。

    (3) 公司非屬上市、上櫃或興櫃股票者。

    以上情況屬於房地合一課稅範圍，因張君及配偶持股合計100%，且公司淨值50%來自台灣不動產，且公司非屬上市、上櫃或興櫃股票，所以本案應適用房地合一稅課稅。

2. 本案若將有限公司改為股份有限公司後，將股權減資，再由第三者增資為新股東，分年陸續以現金增資，等新股東持股超過50%時，或處分部份不動產價值須降至公司淨值3億元之50%以下（即降至1.5億元以下）。再將公司股份發行股票，並請銀行辦理簽證後，以股權買賣方式，或許免適用房地合一稅，而只須扣繳證券交易稅千分之3，以降低稅賦。

```
┌─────────────────────────────────────────────────┐
│      A 有限公司資本額 2.6 億家族持股 100%          │
└─────────────────────────────────────────────────┘
                        ↓
┌─────────────────────────────────────────────────┐
│          公司淨值 3 億,不動產達 1.8 億            │
└─────────────────────────────────────────────────┘
                        ↓
┌─────────────────────────────────────────────────┐
│      友人入股,將家族持股降至 49% 以下             │
│      或不動產價值降至公司淨值 50% 以下             │
└─────────────────────────────────────────────────┘
                        ↓
┌─────────────────────────────────────────────────┐
│            有限公司變更為股份有限公司              │
└─────────────────────────────────────────────────┘
                        ↓
┌─────────────────────────────────────────────────┐
│            公司印股票並經銀行簽證                  │
└─────────────────────────────────────────────────┘
                        ↓
┌─────────────────────────────────────────────────┐
│      以股權買賣取代公司不動產買賣,降低稅賦        │
└─────────────────────────────────────────────────┘
```

圖6-10　規劃步驟圖

規劃利益

1. 出售或移轉股份前,須先將有限公司改成股份有限公司。
2. 其他股東辦理增資超過持股50%,讓A君夫婦及二等親之股權降至50%以下,致使不符合房地合一課稅條件。
3. 股權買賣前須印製股票並經銀行作簽證,之後依證交法繳付證券交易稅千分之3,如此可降低稅賦。
4. 公司未來印股票簽證,銀行亦可配合增加業務往來機會及簽證費收益。

第 4 篇

# 國內、外
# 財富管理

台灣金融業之金融相關產品在現有法規下相對受限，如人壽保險單無法像國際金融中心具有流通性；台灣保險業發行的保單，只可在原發保單的保險公司質借，不具有流通性，例如國泰人壽的保險單只能在國泰人壽質借，不能拿到其他金融機構當擔保品借款，可見台灣金融商品不像國際金融中心之金融商品具有流通性。在國外之國際金融中心如紐約、倫敦、香港與新加坡等，可將國際保險公司發行保單向私人銀行融資，另國際優質公司債[22]也得在私人銀行辦理融資。主要是因為台灣目前以商業銀行為主，沒有投資銀行與私人銀行，所以不像香港、新加坡、紐約與倫敦等國際金融中心的私人銀行，對許多金融商品多可融資再投資，是故，台灣金融商品之資金運用的自由度相對不足。

　　反觀國際金融中心的私人銀行發展出個人或家族的財富，也像是永續經營的企業（going concerns）長存不墜嗎？在歐洲，超過三分之二的商業活動由家族公司所掌控，他們很多是私人銀行客戶。傳統東方「富不過三代」的說法並不適用於歐洲，許多歐洲的家族企業透過私人銀行的協助，發展出一種永續家族（Ongoing family）的世代傳承形式[23]。這些專業的「金融服務組織」[24]，包括私人銀行、家族辦公室（family office）等機構。這些私人銀行如何以金融專業協助中小企業主對財富傳承規劃呢？可參考歐洲的Rothschilds家族，將一部份資金位移至國際平台，運用私人銀行平台整合海外

---

22　國際優質公司債：係指信用評等在BBB以上之投資等級債券。

23　劉鎮評：2011:156，銀行在台灣中小企業主財富創造與傳承所扮演之社會意涵，東海大學社會學系博士論文。

24　Hughes,James E：2004，Family Wealth — Keeping It in the Family, New York :Bloomberg Press.

保單、債券、融資與信託等工具，做好穩健複製財富的傳承規劃。如此將部份資金位移至國際平台，運用國際金融優勢，使其財富達到穩健增值。其實國際金融是一個獨特的制度，它為一個國際和平體制提供穩定的投資場域，它獨立於任何政府與中央銀行，如此將財富創造與傳承做到穩定成長。我們了解，在國內有些資產是無法位移：如不動產，它是坐落於台灣本土內的財富，該不動產是無法位移至國際平台。是故，在國內資產部份，中小企業主得將現有資產活化作投資，進而創造財富積累，再運用信託工具，才可將財富永續的傳承給後代子孫。

# 第 7 章
# 國內財富管理新趨勢

　　國內尚未開放財富管理2.0之前，高資產客戶或中小企業主須透過信託的方式向外商銀行購買外國債券，但待金管會開放高階理財之後，情況才會有所改變。當政府開放財富管理2.0後銀行買進這些外國債券，亦可直接賣給銀行或客戶，在投資與買賣外國債券更方便，資金調度也較靈活，如此才可享有國際財管的利基。賴威仁[25]指出：台灣可考慮在國際稅負條件，商品發展背景等機制趨向一致的情況下，讓國人海外資金回流規劃良好的居住、教育、休閒配套機制，高資產人士來台後可以讓他們資金樂於留在台灣，使資金安心停泊。當高資產人士在國際間移動資產時，多伴隨著各種資產管理的需求：投資、傳承或節稅。許多高資產人士仍寧可在海外進行資產傳承，而不願意移回台灣，因為台灣個人綜合所得稅、企業營所稅最高稅率分別為40%、20%，香港為17%、16.5%，新加坡為22%、17%，顯見台灣對於個人和企業所得稅率的競爭力，確實略低於其他金融中心。另台灣和其他國家（地區）的贈與稅和遺產稅存在差異，如香港和新加坡自2005年及2008年，取消遺產稅課

---

25　賴威仁：2023.10，星港高資產業務發展突飛猛進，台灣如何正面迎擊？台灣銀行家 No.166:56-59。

徵，且這兩地也未課徵贈與稅。台灣或許可參考新加坡的作法，在稅務與法規加以調整，以提升台灣高資產人士財富管理業務。

　　台灣銀行業者，自80年陸續開放16家新民營銀行成立以來，競爭激烈，放款利差縮小，不得不尋找能增加手續費收入的財富管理業務，如銷售人壽保險保單、連動債券與共同基金等金融產品。導致有些銀行理財人員淪為賣保單、連動債券與共同基金的場域，對該等金融產品的組合內容與風險，則不是那麼的了解，更談不上所謂的金融專業。是故，主管機關規定不得勸誘客戶借錢購買保險單或其他金融商品。但銀行客戶自己財務規劃下，可借錢投資公司債、股票與共同基金等金融商品。下幾個案例供參考。

案例 1

**都市計劃內農地資產活化作投資與放款間作套利，取代售地取得生活費，重劃後土地增值，增加家族財富。**（本案例應依當時政府法令為依規）

**案例背景**

A君56歲（第1代）都市計劃內農地3千坪，108年間每坪市價約4萬元。因家有年邁雙親，就辭職照顧雙親，育有4個小孩（第2代，20～28歲）在外地就讀大學與研究所，每月生活費需20萬元。A君擬訂兩個方案，一是計劃出售農地1千坪之土地款項供作生活費；二是該農地作資產活化，投資於金融商品，作投資與放款間作套利，暫不出售農地。後來選擇第二方案，不出售農地，不久該農地被劃入都市重劃區內，該農地於3年後，市價每坪由4萬元漲至14萬元，增加家族財富。

規劃目的

1. 規劃以都市計劃內農地，資產活化購買金融商品投資套利，代替售地取得生活費。
2. 規劃以農用農地贈與第2代，免贈與稅，將來農地參加重劃後，第2代可分配取回建地。

規劃步驟

1. A君將3千坪農地資產活化，當時每坪4萬元，市價1.2億元，向銀行短期融資7,000萬元，投資海外共同基金做套利（以短期貸

款每年換單，不還本方式），假設：貸款利率是2%，投資全球型債券型基金年配息7%，（因屬長期投資就不精算美元匯率波動），如此，投資與放款間作套利5%，每年收入350萬元。

計算式：

7,000萬元×（7%－2%）＝350萬元

　　投資標的以美元計價全球型非投資等級之債券型基金，年配7%，每月配息29.2萬，放款利息11.6萬元。雖然每個月作投資與放款間作套利，17.6萬元，但規劃年配7%全球型債券型基金，它是屬於非投資等級之債券型基金，本金波動較大，如2022至2023年間美國半年內升息21碼，造成債券價格下跌2成，導致評價損失1,400萬元，所以說投資必有風險。債券評價損失要等到降息循環時，債券價格才會回升，屆時債券跌價才會被回沖，所以國外債券型基金是需要長期投資，且宜投資在投資等級公司債，波動較小。

2. A君以資產活化作投資金融商品套利代替售地1,000坪，經過3年後農地每坪由4萬元上漲至14萬元，農地增值1億元

3. 當農地每坪由4萬元上漲至14萬元，土地總市價4.2億元（14萬元×3,000＝4.2億元），建議A君將農地農用一半贈與第2代後（農地農用贈與免稅），第1代與2代各貸款1億元作投資海外金融商品，才不會每年被扣到海外所得稅。（最低稅賦制度，每一申報戶海外所得免稅額750萬元）

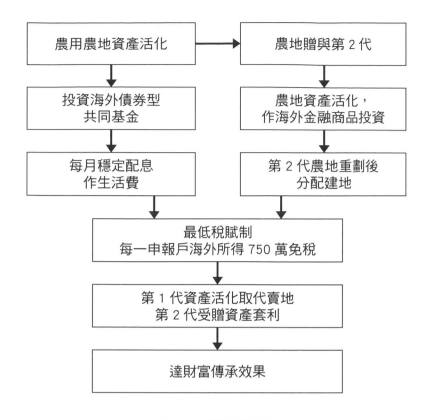

**圖7-1　規劃步驟圖**

規劃利益

1. 本案例A君選擇資產活化方式，不出售土地，以融資（建議中長
期貸款[26]以每年定額還本金方式替代短期貸款[27]）作投資海外共
同基金套利，以補生活所需。A君之都計內農地因重劃而上漲，
由每坪4萬元上漲至14萬元，1千坪土地就增值資產1億元。

---

26　中長期貸款：中期貸款是1年以上，7年以下之貸款。

27　短期貸款：1年以下之貸款。

2. 第1代運用農地農用贈與第2代免稅,將來土地重劃後第2代可分得建地,達財富傳承後代之效果。

3. 最低稅負制下,每一申報戶海外所得750萬元免稅。

4. 銀行了解客戶所需,將客戶財產加以資產活化作投資,解決客戶生活需求。銀行可增加放款收入與財富管理手續費收入,銀行與客戶創造雙贏。

## 案例 2

### B君向銀行借錢投資海外公司債券，作投資與
### 放款間作套利。（本案例應依當時政府法令為依規）

**案例背景**　B君係小型企業主，他擁有1間都市好地段之透天店面，樓下為自營工作室，樓上為住家。透天店面市價1億元，B君想以該房地產資產活化，作金融商品投資套利，創造第2本業之被動收入。

規劃目的

1. 以自用之房地產作資產活化，投資配息穩定之海外投資等級公司債券，產生穩定現金流。
2. 創造第2本業之被動收入。

規劃步驟

1. B君係一小型企業主，收入尚稱穩定，全家可溫飽，不可太冒險的投資。若以自用的房地產資產活化，作投資金融商品，要以穩健之金融商品為主軸，建議大部份資金投資海外投資等級公司債券，如BBB以上投資等級之優質公司債券，海外債券之配息及資本利得，最低稅賦制度，每一申報戶每年750萬元內免繳綜合所得稅。將小部份資金投資在優質股票或國外高收益債券型基金（非投資等級之債券型基金），因它風險較大，投資比率不要超過貸款金額之20%，當然仍要看B君的風險承受度分析後，作調

整投資標的參考。

2. 資產活化作投資與放款間作套利之利差有限，在貸款額度與條件的規劃上，須要留意本金之攤還能力之現金流。如以短期一年貸款，只繳息不還本，每年借新還舊，怕銀行屆期抽回本金，不再續貸，就會很麻煩。何況是以短期資金支應長期投資有時間風險，也就是以短期貸款作公司債長期投資，若銀行1年到期就要收回本金，不得不將公司債賣出，若遇到市場利率上升時，公司債價格下跌，那就會造成損失。建議，貸款期限是7至15年之中長期貸款，按月繳息，定額還本金，如每月還本金2萬元或3萬元，餘額屆期收回或到期時，借一筆新的放款償還舊的放款。

3. 創造第2本業穩定現金流。

4. 本案例規劃如下：貸款7,000萬元，一年投資收入與放款息差額210萬元：

計算式：

貸款金額：10,000萬元之7成＝7,000萬元

假設貸款年利率：2%，公司債年收益：5%

套利金額：7,000萬元×（5%－2%）＝210萬元

5. 本案例是貸款新台幣，轉換成美元去投資外國債券，會有匯率風險，所以要以全世界約佔6成儲備貨幣美元為主。建議勿以南非幣或紐幣等其他外國貨幣，且要長期投資，才可避開短期的匯率波動。

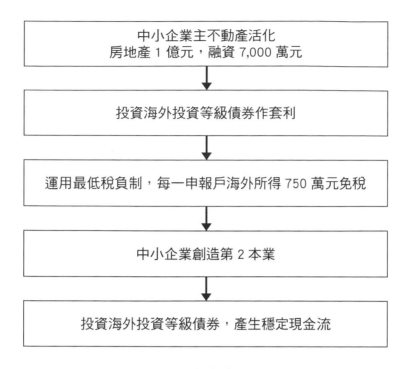

中小企業主不動產活化
房地產 1 億元，融資 7,000 萬元

投資海外投資等級債券作套利

運用最低稅負制，每一申報戶海外所得 750 萬元免稅

中小企業創造第 2 本業

投資海外投資等級債券，產生穩定現金流

**圖 7-2　規劃步驟圖**

規劃利益

1. B君以自用之房地產作資產活化，投資海外公司債套利，可創造第2本業之被動收入。

2. 最低稅賦制下每一申報戶，每年海外所得750萬元免稅。

3. 中小企業創造第2本業，產生穩定現金流。

4. 銀行可增加放款與財富管理業務，B君可創造第2本業收入，銀行與客戶創造雙贏局面。

## 案例3

**高資產人士C君處份土地價金4億元，投資農地贈與第2代後作信託，部份資金投資金融資產，創造現金流及財富傳承案例**（本案例應依當時政府法令為依規）

**案例背景**

C君55歲與兄弟共4員，於110年間因上一代往生。繼承持分共有之大都會精華土地800坪，每坪以200餘萬元售出。每員分得約4億元，將此筆款項規劃購買都市計劃內農地傳承下一代。部份資金投資海外投資等級公司債，創造現金流。

### 規劃目的

1. 規劃部份款項購買都市計劃內農用農地贈與第2代，節省贈與稅。
2. 規劃以農地贈與第2代後作信託，以第1代為受託人，保護第2代之財產。
3. 規劃部份資金購買海外投資等級公司債，每年每一申報戶海外所得不超過750萬元可享受免稅。
4. 夫妻每人每年免稅額贈與244萬元給下一代，另規劃6年以上期繳保障型人壽保險作傳承。

### 規劃步驟

1. C君購買5千坪大都會區之都市計劃內農地，當時每坪4萬元，市價2億元。若該農地農用5年不變更使用，贈與第2代是免繳納贈

與稅。

2. 投資以美元計價之投資等級海外公司債券1億元，年配息約5%，每年配息500萬元，依最低稅賦制度，每一申報戶每一年海外所得免稅額750萬元。

3. 另1億元部份，以夫妻每人每年贈與244萬元免稅額給下一代外，其餘暫放銀行定期存款。也可運用最低稅負制度每一申報戶免稅額3,740萬元，規劃以6年以上期繳保障型人壽保險，以要、被保險人為C君（第1代），子女（第2代）為受益人。如此以夫、妻各為要、被保險人，3個小孩為受益人購買6年以上期繳保障型人壽保險傳承下一代，在不違反實質課稅原則下，依最低稅賦制度每一申報戶免稅額3,740萬元，將可免課遺產稅的保險理賠金，可作預留稅源與財富傳承。

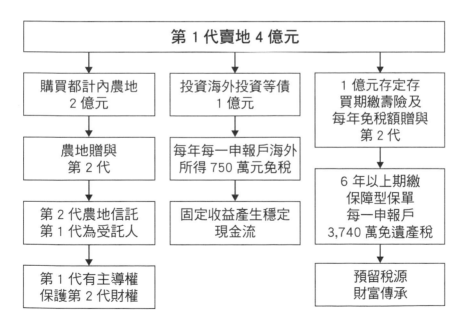

**圖7-3　規劃步驟圖**

## 規劃利益

1. 規劃2億元購買都市計劃內農地農用贈與第2代,若農地農用5年將可節省贈與稅。

2. 規劃以農地贈與第2代後作信託,以第1代為受託人,取得主導權且保護第2代之財產。

3. 規劃購買海外投資等級公司債1億元,可創造現金流每年500萬元,因海外所得在不超過750萬元,每年可免繳所得稅。

4. 夫妻每人每年贈與244萬元免稅額給下一代,另規劃多年期繳保障型人壽保險,運用最低稅負制度每年每一申報戶3,740萬元,在不違反實質課稅原則下,保險理賠金將可免課徵遺產稅,亦可規劃為預留稅源與財富傳承。

5. C君若在銀行購買海外公司債與人壽保險,銀行將可增加財管手續費收入,C君購買優質公司債,可得到穩定現金流與海外所得在不超過750萬元可免繳所得稅,銀行與客戶創造雙贏局面。

F君中小企業主經營事業有成，存款3千萬元，另有房地產1.5億元，規劃資產活化5千萬元，逐年贈與免稅額度244萬元，作財富傳承規劃案例（本案例應依當時政府法令為依規）

**案例背景** 中小企業主F君60歲（第1代，有配偶），有3個小孩（第2代）。擁有存款3千萬元，存款部份以保障型人壽保險規劃。另2筆不動產市價1.5億元，公告現值4,000萬元（土增稅1,500萬元），資產活化貸款5,000萬元，作每年贈與或投資海外公司債等金融商品，有何工具可作規劃節稅？方法為何？不動產活化為何？

**規劃目的**

1. 運用資產活化，創造負債，每年贈與規劃，達降低遺產稅基及財富傳承效果。
2. 資產活化投資優質股票或投資等級海外公司債。
3. 現有存款部份，可運用最低稅負制度，規劃6年以上期繳保障型保單傳承下一代。

**規劃步驟**

1. 本個案創造負債，分年作贈與，尚未贈與之款項，因個人投資風險承受度有所不同投資報酬率有所不同，但建議投資比較穩健之

投資等級公司債或台灣50等優質ETF，本個案假設投資報酬率定為4.5%計算；另因個人信用度不同，貸款利息也有所不同，本個案假設貸款利息2%，銀行貸款開辦費與火險等相關費用以10萬元計算為基礎。

2. 存款部份：3千萬元

存款部份可運用最低稅負制度每一申報戶3,740萬元，利用10年期繳付保障型人壽保單，要、被保險人為第1代，第2代為受益人。夫、妻 各為要、被保險人，3個小孩為受益人之10年分期繳保障型人壽保險。

3. 不動產資產活化，不動產抵押給銀行作個人投資理財貸款，資金用途：贈與與投資週轉金，除每年贈與外的資金可作投資外國公司債券或台灣50等優質ETF，創造固定收益與資本利得。

4. F君（第1代）夫婦經10年，每年各贈與244萬元給小孩（第2代）。

**計算式：**

第1代夫婦，每年各贈與共10年：244萬元×2×10＝4,880萬元

每年借款贈與後，餘額作投資公司債或股票之報酬率4.5%＝1,042.2萬元

如下表：

### 投資報酬表

單位：萬元

| 年期 | - | 第1年 | 第2年 | 第3年 | 第4年 | 第5年 | 第6年 | 第7年 | 第8年 | 第9年 | 第10年 | 合計 |
|---|---|---|---|---|---|---|---|---|---|---|---|---|
| 投資金額 | 5,000 | 4,512 | 4,024 | 3,536 | 3,048 | 2,560 | 2,072 | 1,584 | 1,096 | 608 | 120 | |
| 投資報酬 | 4.50% | 203.04 | 181.08 | 159.12 | 137.16 | 115.20 | 93.24 | 71.28 | 49.32 | 27.36 | 5.40 | 1,042.2 |

**10年貸款利息1,000萬元＋銀行手續費與火險費等10萬元＝1,010萬元**

> **計算式：**
>
> 10年銀行貸款利息 5,000萬元×2%×10＝1,000萬元

5. 遺產稅基＝3,000萬元存款＋4,000萬元公告現值－5,000萬元貸款
   ＋1,042.2萬元金融投資收益－銀行利息1,010萬元＝2,032.2萬元
   （因創造負債5千萬元，所以遺產稅基減少5千萬元）

**效果：**

1. 夫妻透過銀行貸款每年贈與：244萬元×2＝488萬元×10年＝
   4,880萬元
   10年省遺產稅＝4,880萬元，若遺產稅率20%＝976萬，每年可節
   省97.6萬，每月可節省8.13萬元。
2. 土地由第2代繼承，土地增值稅為0，節省土增稅（1,500萬
   元），創造負債，降低遺產稅基。

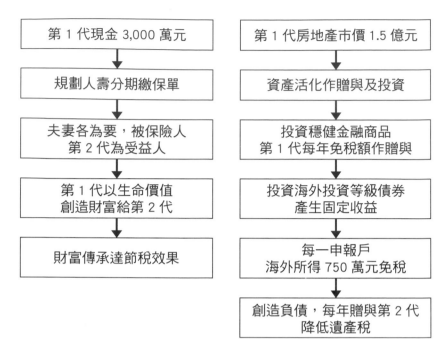

**圖7-4 規劃步驟圖**

左側流程：
第1代現金 3,000 萬元 → 規劃人壽分期繳保單 → 夫妻各為要，被保險人 第2代為受益人 → 第1代以生命價值 創造財富給第2代 → 財富傳承達節稅效果

右側流程：
第1代房地產市價 1.5 億元 → 資產活化作贈與及投資 → 投資穩健金融商品 第1代每年免稅額作贈與 → 投資海外投資等級債券 產生固定收益 → 每一申報戶 海外所得 750 萬元免稅 → 創造負債，每年贈與第2代 降低遺產稅

規劃利益

1. F君現有存款部份可運用最低稅負制度每一申報戶3,740萬元，以分期繳付人壽保單規劃，將可以人壽保障倍數創造財富，若未觸及實質課稅原則，才可達節稅效果。

2. 向銀行貸款之款項在未贈與之前，可作投資穩健型優質股票或投資等級國際債券，創造資本利得及固定收益。

3. 第1代透過資產活化創造負債作贈與第2代，降低遺產稅基，可節省土地增值稅與遺產稅，達節稅傳承效果。

4. F君資金往來需透過金融機構，銀行可增加存款往來、授信及財管業務、手續費收入，如此規劃銀行與F君創造雙贏。

### 高資產人士E君，投資房地產多筆與存款3千萬元，創造負債，降低遺產稅基之財富管理規劃案例（本案例應依當時政府法令為依規）

**案例背景**　111年間高資產人士牙醫師E君65歲，有2個小孩分別為不同科醫師，各為41及37歲，4個孫子，名下土地市價10,000萬元（公告現值4,000萬元，無借款，土增稅2,500萬元），存款3,000萬元，未來遺產規劃為何？如何利用資產活化創造負債5,000萬元及財富傳承規劃？

規劃目的

1. 運用借款創造負債及每年免稅額244萬元贈與第2代，可達節稅效果。
2. 第2代可將每年受贈與款項，規劃分期繳付保障型人壽保險，可創造保障倍數傳承至第3代。
3. 現有存款部份，可運用最低稅負制度每一申報戶3,740萬元，規劃6年以上期繳保障型保單傳承下一代。

規劃步驟

**1. 規劃前**

　　E君若未作規劃，以111年資產估算，遺產總額為7,000萬元，

免稅扣除額為2,136萬元，遺產淨額為4,864萬元，遺產淨額以10%稅率，應課徵遺產稅486.4萬元。

計算式：

遺產總額＝土地公告現值4,000萬元＋存款3,000萬元＝7,000萬元

免稅扣除額＝免稅額1,333萬元＋喪葬費138萬元＋夫妻扣除額553萬元
＋兩小孩扣除額112萬＝2,136萬元

遺產淨額＝遺產總額7,000萬元－免稅扣除額2,136萬元＝4,864萬元

遺產稅＝遺產淨額4,864萬元×10%＝486.4萬元

## 2. 規劃後

本個案創造負債，分年作贈與，尚未贈與之款項，因個人投資風險承受度有所不同投資報酬率有所不同，但建議投資比較穩健之投資海外投資等級公司債或海外投資等級債券型基金，本個案假設投資報酬率定為4.5%計算；另因個人信用度不同，貸款利息也有所不同，本個案假設貸款利息2%，銀行貸款開辦費與火險等相關費用以5萬元計算為基礎。

建議第1代E君創造負債，作投資和贈與第2代。由E君擔任借款人，提供名下不動產，申請投資理財週轉金額度5,000萬元。

資金用途：投資週轉金與贈與

資金用途除夫妻每年可贈與488萬元至第2代外，另未贈與前先投資金融商品（以投資等級公司債或海外投資等級債券型基金為標的），如此，經過10年可創造負債4,888萬元贈與下一代，達節稅效果。

**E君（第1代）夫婦經10年，每年各贈與244萬元給小孩（第2代）。**

**計算式：**

第1代夫婦，每年各贈與共10年：244萬×2×10＝4,880萬元

每年借款贈與後餘額作投資公司債或基金之報酬率4.5%＝1,042.2萬元

· 如下表：

**投資報酬表**

單位：萬元

| 年期 | - | 第1年 | 第2年 | 第3年 | 第4年 | 第5年 | 第6年 | 第7年 | 第8年 | 第9年 | 第10年 | 合計 |
|---|---|---|---|---|---|---|---|---|---|---|---|---|
| 投資金額 | 5,000 | 4,512 | 4,024 | 3,536 | 3,048 | 2,560 | 2,072 | 1,584 | 1,096 | 608 | 120 | |
| 投資報酬 | 4.50% | 203.04 | 181.08 | 159.12 | 137.16 | 115.20 | 93.24 | 71.28 | 49.32 | 27.36 | 5.40 | 1,042.2 |

**10年貸款利息1,000萬元＋銀行手續費與火險費等10萬元＝1,010萬元**

**計算式：**

10年銀行貸款利息5,000萬元×2%×10＝1,000萬元

遺產稅基＝3,000萬元存款＋4,000萬元公告現值－5,000萬元貸款＋
1,042.2萬元金融投資收益－銀行利息1,010萬元＝2,032.2萬元－免稅扣
除額2,136萬元＝－103.8萬元（免繳遺產稅）

**免稅扣除額＝免稅額1,333萬元＋喪葬費138萬元＋夫妻扣除額553萬
元＋兩小孩扣除額112萬＝2,136萬元

**效果：**

1. 夫妻透過銀行貸款每年贈與：244萬元 ×2 ＝ 488萬元 ×10年 ＝
   4,880萬元。

10年省遺產稅＝4,880萬元，若遺產稅率20%＝976萬，每年可節省97.6萬，每月可節省8.13萬元。

2. 土地用繼承，土增稅為0，節省土增稅（2,500萬元），創造負債，降低遺產稅基。

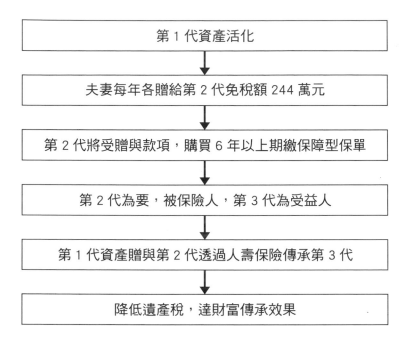

圖7-5　規劃步驟圖

規劃利益

1. 高資產人士利用資產活化，有效運用借款創造負債5,000萬元之貸款及贈與第2代，經規劃後就不用繳遺產稅，可節省遺產稅445.7萬元，達節稅效果。

2. 第1代向銀行借款創造負債後，分年贈與第2代，第2代再繳付10年期人壽保險，（要、被保險人為第2代，受益人為第3代），

創造更多的財富傳承至第3代，如此運用人壽保險規劃可達2至3倍不等的財富傳承至下一代。

3. 第1代E君現有存款部份可運用最低稅負制度每一申報戶3,740萬元，以6年以上期繳人壽保單規劃，第1代為要、被保險人，第2代為受益人。第1代為要保人有控制權，可隨時更改受益人或年長時也可部份解約領回，沒用完的保額可傳承後代，達合法節稅與人壽保障倍數創造財富。

4. 向銀行貸款之款項在未贈與之前，可投資海外投資等級公司債券或海外投資等級債券型基金，創造資本利得及固定收益。

5. E君資金往來需透過金融機構，銀行可增加存款往來、授信及財管業務、手續費收入等。

案例 6

F君以房地產資產活化，向銀行借錢投資海外
投資等級債共同基金與海外投資等級債ETF，賺取
投資金融商品與銀行借錢之間利率差額（本案例應依
當時政府法令為依規）

**案例背景** F君係上市公司高階幹部，達退休年紀，夫妻擁有3間都市
好地段房地產，除1間自用外，另兩間出租，房租收入3
萬元，該房地產市價約5,000萬元，F君以該房地產作資產活化，
投資金融商品套利，創造退休後被動收入。

規劃目的

1. 以房地產作資產活化，投資配息穩定之海外投資等級債共同基金
   與海外投資等級債ETF。
2. 房地產作資產活化，投資穩健金融商品套利，創造退休後被動收
   入。
3. 2020至2022年新冠疫情，美國及世界先進國家急速升息，投資等
   級債券相對下跌2至3成，債券殖利率5.5至6%，具投資價值。

規劃步驟

1. F君係上市公司高階幹部，將達退休年紀，若房地產資產活化，
   作投資金融商品，要以穩健之金融商品為主軸，建議大部份資金
   投資在投資等級海外公司債券，如BBB以上投資等級之優質公司

債券、共同基金或ETF等。尤其2020至2022年新冠疫情，美國及世界先進國家急速升息，投資等級債券相對下跌2至3成，債券殖利率5.5至6%，具投資價值，也是2008年以來投資等級債券在1年內下跌超過20%，是非常不錯的投資機會。且投資在海外債券是海外所得，每年的基本所得申報有750萬元免稅額。

2. 本個案以資產活化，賺取利差相當有限，只有2至3%，在貸款額度與條件的規劃上，須要留意本金之攤還能力與現金流。如以短期一年貸款，只繳息不還本，每年借新還舊，怕銀行屆期抽銀根，不再續貸，就會很麻煩。何況是以短支長是不符合時間風險，也就是以短期貸款作公司債長期投資，若銀行1年到期就要收回本金，不得不將公司債賣出，若遇到市場利率上升時，公司債價格下跌，那就會造成損失。建議，貸款期限是7至15年之中長期貸款，按月繳息，定額還本金，如每月還本金2萬元或3萬元，餘額屆期收回或到期時以借一筆新的貸款償還舊的貸款等規劃。

3. 本案例規劃如下：貸款3,000萬元，一年可獲利105萬元

   貸款金額：約5,000萬元之6成＝3,000萬元

   假設貸款年利率：2%，公司債、投等債共同基金或投資等級債ETF年收益：5.5%

   套利金額：3,000萬元×（5.5%－2%）＝105萬元

4. 本案例是貸款新台幣，轉換成美元去投資外國債券，會有匯率風險，所以要以全世界約60%儲備貨幣美元為主。建議勿以南非幣或紐幣等其他外國貨幣。且要長期投資，才可避開短期的匯率波動。

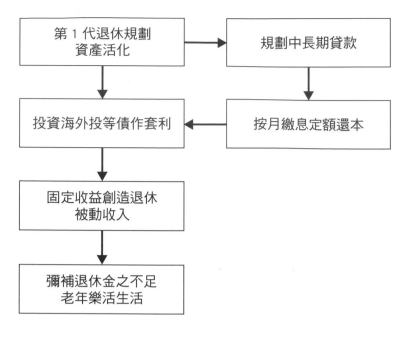

圖7-6　規劃步驟圖

規劃利益

1. F君以房地產作資產活化，投資海外投資等級公司債、海外投資等級債共同基金與海外投資等級債ETF，如此賺取投資金融商品與銀行融資利率間差價。

2. 銀行可增加放款與財富管理業務，F君增加退休後收入，銀行與客戶創造雙贏局面。

案例 7

**G君經營國際貿易 30 幾年，GG紙上公司資本額 10 萬美元，帳上存款約有 1,000 萬美元，2023 年受控外國企業CFC（Controlled Foreign Company）上路之衝擊影響（本案例應依當時政府法令為依規）**

案例背景　G君經營國際貿易30幾年，GG紙上公司資本額10萬美元，帳上存款約有1,000萬美元，存款在台灣銀行業之OBU分行。惟受控外國企業CFC（Controlled Foreign Company）於2023年上路後之衝擊影響，如何因應較符合法規。

規劃目的

1. 2023年CFC制度上路後，境外公司當年度產生的盈餘將視同分配，不再有稅務遞延效果。CFC於2022年以前之盈餘，則以實際分配時才計入個人海外所得課徵基本所得稅額。

2. 個人或關係人非受控外國企業（CFC），即個人及其關係人非直接或間接持有在中華民國境外低稅負國家或地區之關係企業股份或資本額合計達50%以上或的該關係企業具有重大影響力者，得免受控外國企業（CFC）。

3. 須編製完備CFC財務報表，因CFC當年度盈餘係以財務報表為基準進行計算基礎。

1. 須檢視個人是否符合個人CFC制度之要件：

    (1) 個人為台灣稅務居民。

    (2) 境外公司註冊於低稅負國家或地區且無實質營運活動。

    (3) 個人及其關係人（包括配偶、2親等親屬、關係企業、個人信託受託人、非委託人之受益人等）直接或間接持有境外公司股份或資本額合計達50%以上或對其具有重大影響力。

    (4) 個別境外公司當年度盈餘或全部境外公司當年度盈餘合計超過新台幣700萬元。

2. 須檢視信託架構，CFC上路後可能影響，如股權交付信託，境外公司是否屬個人CFC：

    例如低稅負國家之甲公司股權比率：G君5%、G君配偶9%、G君（委託人）之受益人子女9%及G君（委託人）之受託人乙公司有信託持有30%股權，以上合計53% > 50%，因此甲公司即屬G君之CFC。

3. 須特別留意個人CFC制度下的族群對象如下：

    (1) 以境外帳戶或OBU帳戶繳國內外幣保單保費。

    (2) 境內公司股權境外化。

    (3) 以境外公司持有境內不動產。

    (4) 透過境外帳戶小額高頻率匯入境內個人帳戶。

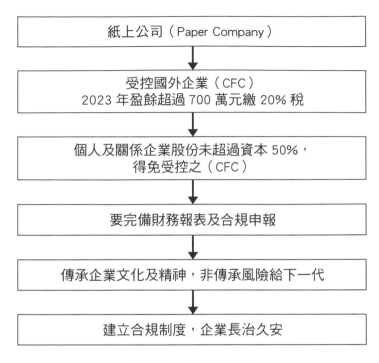

圖7-7　規劃步驟圖

因應策略

1. 境外公司普遍未建立帳簿憑證，建議應尋求會計師協助完備財務報表，以進行合規申報。若想改變架構，應全盤考慮，在調整架構過程中可能產生之所得稅負，綜合評估調整後之整體稅負效益，並建議委請專業的稅務團隊協助評估優化為前提。

2. 對CFC申報不實，有面臨逃漏稅風險，且稅捐稽徵法第41條修正加重惡意逃漏稅處罰後，恐須連帶面臨刑事責任的後果。

3. 財富傳承之目的在於傳承家族精神、文化、股權與企業營運經驗等，而非傳承風險或未爆彈給下一代。企業家應從傳承角度進行省思，為下一代建立合規架構，企業方能長治久安。

4. 清理境外公司的資料，如境外公司的股東資料、境外公司的淨資產及繪製投資架構圖等。

5. 須針對適用CFC條款的境外公司設算：

　　(1) 未來每年海外所得稅（CFC當年度盈餘 × 持股比率 ×20%）

　　(2) 以前年度未分配盈餘海外所得稅（CFC以前年度盈餘 ×20%）

　　(3) 未來年度股權交易所得稅（股權交易所得 ×20%）

　　(4) 未來年度贈與稅、遺產稅（未來股權現值 ×10%、15 或 20%）

資料來源：安永聯合會計師事務所 https://www.ey.com/zh_tw

案例 8

**中小企業主經商所賺的錢，資產配置欠缺人壽保單，無法規避人身風險，無法用生命價值創造資產給家人案例**（本案例應依當時政府法令為依規）

案例背景　J君為電子新貴中小企業主，他45歲，J君夫人家管，第2代22與24歲。資產配置上有房地產，他在大都會區擁有2房，價值5,000萬元，沒貸款，另為創造第二本業，投資海外債及上市股票約有新台幣2,000萬元。屬小康家庭，但他認為還年輕，且對人壽保險沒有興趣，因保險的預定利率低，貨幣會貶值，所以沒有買保險。天有不測風雲，他一年前得到肺癌，於45歲死亡，因他的金融資產配置沒有人壽保險，無法以生命價值創造財產留家人。

規劃目的

1. 中小企業主為給家人保障，要規劃人壽保險，才能以生命價值創造財產。
2. 中小企業主為符合個人規劃效益，以分期繳方式，購買高保障之人壽保單。
3. 家庭支柱，在能力範圍內，以分期繳人壽保險保費，保障人身風險。
4. 運用房地產資產活化作投資，創造第二本業。

## 1. 規劃分期繳人壽保險單：

J君房地產有自有資金2000萬元，可拿部份資金購買6年以上期繳人壽保險單，運用最低稅負制度每一申報戶有3,740萬元的免稅額，規劃10年期繳保障型人壽保單，要、被保險人為第1代，第2代為受益人。也可夫、妻 各為要、被保險人，2個小孩為受益人購買10年分期繳人壽保險。因夫妻多年輕。假設J君43歲時，可運用最低稅負制度每一申報戶3,740萬元，購買10年分期繳人壽保險，可創造3倍的保額，規劃每年分繳付100萬元，則有3,000萬元的保障（100萬元×10年×3倍＝3,000萬元），就如本個案J君不幸繳兩期分期繳費200萬元後，得到肺癌，於45歲死亡，就可獲得人壽保險理賠3,000萬元留給家人。但本案例J君對保險功能不了解，所以沒投人壽保險，是故，購買保單三條件：要有錢、有健康身體、更要有觀念方可成事。茲將人壽保險功能敘述如下：

購買人壽保險的功能如下：

(1) 人壽保險以生命創造財富給未來的家人或自己（可部份解約領回現金價值），高保障保單，使資產倍數增長。

(2) 可指定受益人不受遺產分配的限制。

(3) 要保人有控制權，可隨時更改受益人或受益比例。

(4) 運用最低稅負制度每一申報戶3,740萬元，應稅資產轉為免稅資產。

(5) 運用人壽保險規劃，預留稅源，是一種最有效益的金融投資工具。

## 2.創造第二本業：

　　J君房地產，在大都會區擁有2房地產，價值5,000萬元，可向銀行貸款3,000萬元，作不動產資產活化，不動產抵押給銀行作個人投資理財貸款，資金用途：贈與與投資週轉金，除每年贈與外的資金可作投資外國投資等級公司債券、台灣50等優質股票或ETF，創造固定收益與資本利得。如投資海外投資等級公司債或台灣優質股票或ETF，作配息與銀行放款利息之間差額，賺取利差。舉例：J君房地產向銀行貸款3,000萬元，假設投資收益為5%，銀行放款利息為2%，在不考慮匯率風險下，每年可獲利90萬元〈3,000萬元×（5%－2%）＝90萬元〉。

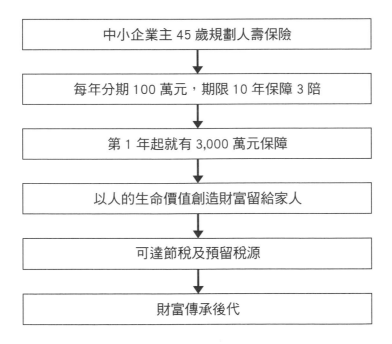

**圖7-8　規劃步驟圖**

規劃利益

1. J君現有存款部份可運用最低稅負制度每一申報戶3,740萬元，以分期繳付人壽保單規劃，將可以人壽保障倍數創造財富，若未觸及實質課稅原則，可達節稅效果。

2. 透過資產活化創造負債，作投資穩健型優質股票或投資等級國際債券，創造資本利得及固定收益。

3. 銀行專業人員，若能事前向J君加以說明保險的意涵，且J君也能接受而購買保險，則資金往來需透過金融機構，銀行可增加存款往來及財管業務、可創造財富管理手續費收入，如此規劃銀行與J君創造雙贏。

# 第 8 章
# 國外財富管理新趨勢

　　中小企業或中小企業主，與那一種銀行類型往來才是門當戶對？一般而言，西方銀行從其長遠發展來看，已形成三種類型分別為：商業銀行、私人銀行及投資銀行。私人銀行主要業務是財富管理；投資銀行主要業務是金融商品之創造與銷售；商業銀行的主要業務是對企業之存、放款與外匯等業務。在台灣的金融業沒有專業之投資銀行及私人銀行，作者觀察台灣中小企業或中小企業主有關「錢」方面，不論存錢或借錢，大部份須要透過商業銀行完成。尤其中小企業不論在本業擴充或投資房地產過程中，常需要銀行資金的配合，在本業擴大再生產或房地產投資的財務槓桿，進而藉以創造財富。但銀行除了提供中小企業資金外，金融專業對中小企業財富創造的過程占極重要的角色。因中小企業主，大部份只著重在本業技術研發、生產或通路上著墨，對財務如何規劃，才能順利向銀行取得融資都不甚了解，所以銀行員如何以顧問師專業角色協助中小企業向銀行取得資金，是一重要課題。另一值得探討的議題是中小企業主累積財富後，如何做財富傳承規劃？作者觀察到，台灣法規制度還沒有國際金融之私人銀行，有些高資產人士常透過國際金融之私人銀行平台作金融資產投資。但有錢人運用境外公司，將錢存放在OBU（境外金融分行），認為這就是境外金融，與將錢移到

海外私人銀行做財富規劃有什麼不同？在財富傳承規劃又有什麼差異？此乃值得我們去探討的議題。例如，有些移民國外或是有在國外投資的企業主或高資產人士可運用已擁有的資產加以活化，也就是把房地產提供給銀行設定抵押權，申請貸款額度再做投資，運用財務槓桿操作，穩健的複製財富。但在做投資時仍需要做好規避風險，才能創造穩定獲利。是故，在做財務規劃時，也有高資產人士將部份金融資產轉移到國際平台，運用國際金融中心之私人銀行平台，加以整合國際投資等級的公司債券、國際保單、搭配貸款或做換匯操作等。投資國際投資等級公司債券是較穩健的投資；另外值得一提的是，人壽保險是穩健的理財金融商品之一，以長期時間累積效果達到複利增值目標；它是世代間投資與傳承的金融工具之一。人壽保險是以生命的時間價值積累財富，以複利創造合理利潤，穩定增值的累積效果。因年紀愈輕所做的保額規劃倍數愈高，所以越早規劃越有利。萬能壽險可作為財富傳承的的核心配置工具之一，因為國際萬能保單長期而言是風險較小的金融投資工具。如此，許多高資產人士常將部份資金予以全球化配置，也就是運用國際投資等級債券，予以分散單一主權國家的場域與制度風險。並可運用萬能保單複利效果累積財富，再輔以信託規劃，將所累積的財富世世代代永遠的傳承下去。[28]

　　從中西方的家族企業發展史觀察，中國的家族企業大部分是在地方及國家的場域發展其事業，及累積其財富。而前述西方的家族企業像Rothschilds（Ferguson,1998,1999）發展的場域是在區域或全

---

28　劉鎮評：2011，銀行在台灣中小企業主財富創造與傳承所扮演之社會意涵，東海大學社會學系博士論文。

球。這造就其不同的發展模式和傳承的方式。是以,整體而言,國家或國際作為家族企業發展的舞台,在企業主財富傳承過程中會有相當大的差異。從這個活動場域加以探討,我們才能瞭解到在不同場域中,政治、社會、經濟及文化等不同因素,對家族企業之傳承及財富繼受,所可能產生的影響[29]。由此可知歐美有幾百年的歷史與制度,使它們有條件做好家族企業之傳承及財富繼受,反觀台灣的過去歷史條件與制度均落後西方甚遠,而不是家族企業不願意或無能力做好財富傳承,所以作者將參考西方家族企業,他們如何運用國際金融工具,以做為中小企業主財富傳承規劃之參考,使財富傳承能超過三代或百年。中小企業主累積財富後,將部份資金位移至國際平台,運用私人銀行平台,投資等級國際債券、再配合國際金融低利率融資去投資國際保單,該保單也可以一併提供私人銀行做為融資的額外擔保品。如此可達到套利複製財富效果。我們了解,私人銀行與商業銀行在業務範圍有所差異;私人銀行,它運用國際化的流動資產如國際保單與國際債券可做融資的擔保品。反觀,商業銀行則較注重本土化不動產抵押貸款,不動產較沒有流動性,也容易受政治制度限制。有關私人銀行運用之相關金融產品詳述如下[30]:

## 1. 私人銀行有什麼迷人處?

所謂私人銀行(Private Banking),係針對高資產客戶(High Net Worth Individuals)的財富管理需求所產生專屬個人的財富管理,量

---

29 陳介玄:2010,中西方家族企業發展史考察。台中:文笙。
30 劉鎮評:2011,銀行在台灣中小企業主財富創造與傳承所扮演之社會意涵,東海大學社會學系博士論文。

身訂做全方位之資產管理服務的金融機構。

　　私人銀行（Private Banking）比商業銀行（Commercial bank）更有專業化的服務平台，私人銀行產品優勢：(1)運用多元貨幣之間的套利，利用國際不同貨幣之間匯率套利及議價能力高，它取得資金成本貼近外匯市場。(2)投資股票方面：運用國際平台，可直接投資多元金融市場。(3)投資國際債券方面：可多樣化投資世界各國知名企業之公司債，規避系統風險。(4)共同基金方面：直接以個人名義購買全球發行的基金（包括能源及農產品等特殊標的）。(5)可在全球流通（可運用此基金在私人銀行借貸轉換成不同貨幣別）。(6)另類商品（避險基金）：直接以個人名義到全球購買各類創投基金，所賺的錢不會受政府管制。(7)購買國際人壽保險之保單，持該國際保單可向私人銀行融資。私人銀行整合各種金融商品的優勢外，也提供高資產財富管理服務，如Dr.David Maude[31]指出，私人銀行是財富管理中重要的一環，由指定的關係經理（Relationship Manager）提供銀行服務、資產管理、證券經紀、稅務諮詢與基本的私人助理服務。

## 2. 關於國際保單：

　　有些移民國外或是有在國外投資的企業主，可能會在國外購買國際保單，國際保單與本國發行的保單最大的差別，在於國際保單與國內保單各有優缺點。例如國際保單可能有下列優點：成本低、利率較高，是穩健理財工具之一，人壽保險是用人的生命價值創造財富，它不受景氣影響。但是國際保單的缺點是保單之壽險未經審

---

31　Dr.David Maude：2006，Global Private Banking and Wealth Management: The New Realities, John Wiley & Sons,Inc.

查，所以理賠須至海外辦理，而且我國保險法有規定禁止外國保險業代理、經紀或招攬保險業務，所以此部份須特別注意。投資國際保單也可運用私人銀行平台做財務槓桿操作。例如，假設保單以預定利率4.35%增值、可拿保單向私人銀行融資，運用國際市場換匯取得較低利率，假設融資利率僅為2.5%，在保單利率與融資利率之間存在套利空間。

### 3. 如何找投資等級國際債券標的？

並不是所有的公司債都穩健安全，投資債券的報酬高低，將影響整個規劃的績效，所以可以尋找評等較低之好公司，則利率較高。因此，在景氣復甦的升息階段，報酬毫不遜色。另外投資國際公司債，以高評等之優質投資等級公司債[32]或是全球知名金融業所發行之公司債與金融債券是較安全、穩健的投資標的。

### 4. 做財富規劃時，也可做不同幣別之間套利：

中小企業主已累積財富美金200萬元，可透過私人銀行投資高評等投資等級國際債券，同時購買國際保單，再以國際保單與國際債券質押予私人銀行，然後向私人銀行借款200萬美元之等值的日圓：

為什麼要做兩種不同幣別之間的換匯交易？因為兩國之間匯率的變化會影響投資的效益，若以美元做債券投資，另預測日幣將來會貶值，而以日幣融資，則可能有利差與匯差，分析如下：

---

32 高評等之優質公司債：是指目前世界三大信評機構，如穆迪（Moody's Corp.）、標準普爾（Standard & Poor's）或惠譽國際評等（Fitch Ratings）。它們主要是針對企業或主權國家的償債能力做信用評等，在BBB以上為投資等級債券。

(1) 預測日圓在未來兩年都保持低利率（日圓貸款利率為 1.5%～2%；如果投資美元債券獲利5.5%，扣除利息支出，兩年將獲利7～8%）。

(2) 日圓未來兩年內兌換美元將是貶值，估計從USD1：¥80貶值到100（甚至120），貶值至100匯兌賺23.5%，若貶值到120匯兌賺47%。如此利率與匯率合計獲利約30%～55%。但是日圓兌美元匯率，由80往下升值，就會產生匯兌損失；所以在做不同幣別之間套利，仍是要有風險的規避，所以在做空單時，另一方面需以選擇權做多，以鎖住風險，才能百戰百勝，所以擁有金融專業與運用銀行資金作規劃，在做財富規劃是同等的重要。

## 5. 運用國際金融平台規劃財富傳承架構：

如何做好量身訂做的家族財富規劃目標呢？必須要有一般的金融專業外，國際金融及金融史相關的知識必需相當的熟悉，才能為企業家族做好規劃。可參考Ferguson[33]在貨幣崛起一書指出，金融市場包括債券市場、股票市場、保險市場、期貨選擇權、不動產市場和衍生性金融商品等，其中債券市場和保險市場是屬於較長期和穩健的投資工具（Ferguson,2008）。Ferguson提出，國際債券和國際保險屬於長期和穩健的投資工具，財務規劃目標需要對現有家族財產加以有效的運用，使其財富能穩健增值，並做好安全保護，且

---

33 Ferguson: 2008，The Ascent of Money: A Financial History of the World. New York: Penguin Group press.

需運用信託將家族財產和諧永續傳承。劉鎮評[34]提出金融中心為高資產客戶的財富規劃架構，可透過私人銀行平台整合國際萬能壽險、國際債券之質借模式，創造穩健套利規劃。是故，國際金融為中小企業主財富規劃架構，（如下圖）。

## 中小企業主有 200 萬美金

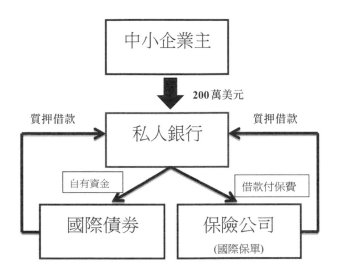

圖　國際金融財富規劃架構[35]

---

34　劉鎮評：2011，銀行在台灣中小企業主財富創造與傳承所扮演之社會意涵，東海大學社會學系博士論文。

35　國際金融財富規劃架構：資料來源，劉鎮評，2011，東海大學社會系博士論文 P.172。

由以上的國際金融財富規劃架構得知，中小企業主若有美金200萬元，位移至國際金融平台之私人銀行，去投資國際高評等債券（債券平均預定殖利率為5%）作為繳付保費之額外擔保品。另以國際萬能保單保費美金100萬元提供質押（預定利率4.35%），其因男性、女性別與年齡（30～70歲）不同，保額約有850萬美元至160萬美元之差別。當以人壽保險單質押，一般保單約可質借七成（最高為保單現金價值之90%），另不足部份則以債券補足額外擔保品（投資等級債券，因信用評等之等級不同可質借成數約5～7成）。如此，以人壽保險單提供質押，或以公司債券補足額外擔保品，則可融資等值100萬美元的日幣貸款（因預測未來幾年內日幣可能會貶值），因預計日幣會貶值，且目前日幣融資利息低至1.5%，本案除有套匯空間外，另有每年穩定套利空間7.85%（5%＋4.35%－1.5%＝7.85%），當扣除危險保費後仍不斷的累積財富。但所有金融相關商品投資都有風險，如預測日幣會因國債問題朝貶值方向，但它却是反方向升值，如2011年日本大海嘯引發核安事件，造成日幣在短暫急速對美元升值。另投資公債與保險仍須靠金融專業，配合國際金融資本，才能穩健的做好套利與套匯，否則假若像投資冰島國家的債券，當該國發生違約時，仍會發生嚴重損失，可見金融專業是非常的重要。

　　若高資產人士善用私人銀行，以國際金融架構運用國際萬能保單與國際債券做套利與套匯，若她是標準不吸煙體位之50歲女性，則以融資方式繳付保費美金100萬元，保額約為美金400萬元，當時償還融資保費，還結餘美金300萬元，可運用信託工具做為傳承或公益用途。如此，做好財富規劃架構並與運用信託工具做為傳承規劃，則可使財富永續傳承世世代代。相反之，假設一個家

族，一直把財富放在單一主權國家的制度與場域內，將無法避免單一國家政治風險對財富的影響，如2022年間，烏、俄戰爭，烏克蘭本土的房地產價值因戰爭大幅縮水。觀察西方200年國際金融之發展，因已形成一個超越主權國家的國際金融制度場域，所以許多高資產人士會運用國際金融中心之私人銀行這個場域。賴威仁[36]指出，許多高資產人士仍寧可在海外進行資產傳承，而不願意移回台灣，因為台灣個人綜合所得稅、企業營所得稅最高稅率分別為40%、20%，香港為17%、16.5%，新加坡為22%、17%，顯見台灣對於個人和企業所得稅率的競爭力，確實略低於其他金融中心。另台灣和其他國家（地區）的贈與稅和遺產稅差異，如香港和新加坡自2005年及2008年，取消遺產稅課徵，且這兩地也未課徵贈與稅。國際金融中心保險部份，變更要保人、預留稅源等作法，主要是因為我國仍課徵遺產稅與贈與稅而來，而永久保險、特殊自保公司等保險方式，主要仍是基於節稅性質，且有其他取代作法，可逐步視需要擴增商品類型。許多高資產人士仍寧可在海外進行資產傳承，而不願意將資產移回台灣，而相關的保險商品部分，則需要配合各地稅法，才能依據高資產客戶需要，推出適合的商品。惟若自行至國際金融中心購買國際保單，遇到保險理賠爭議，無法獲台灣法令保障，須自行承擔風險。建議可跟您的律師或保險業務員適度的溝通。以下舉幾個案例。

---

36　賴威仁：2023.10，星港高資產業務發展突飛猛進，台灣如何正面迎擊？，台灣銀行家No.166:56-59。

## 案例 1

### 運用私人銀行平台投資國際債券，穩定固定收益現金流、將生命價值透過國際保單轉換成財富與運用家族信託將家族財富傳承之個案（本案例應依當時政府法令為依規）

**案例背景** A君（女）65歲，20幾年前將工廠位移至中國大陸福建省深圳生產，運用當地員工薪資低的優勢，但由於工資不斷的上漲與環保意識抬頭，經營管理非常幸苦，所以於2012年結束營業，將原承租50年的廠房地轉租，將之前所獲利美金1,500萬元，移往香港國際金融中心之私人銀行，作第1代與第2代財富傳承規劃與金融產品配置。

規劃目的

1. 運用香港國際金融中心稅的優勢複製財富與傳承。
2. 透過香港私人銀行承作國際債券與國際萬能保單之融資套利、換匯與信託等服務。

規劃步驟

方案一：A君透過國際金融中心香港之私人銀行購買國際投資等級債券後，再將國際債券質押後借出資金，再投資國際債券做套利。

2012年將錢由中國大陸匯至香港商業銀行後轉匯至香港私人銀行帳戶，透過私人銀行購買國際債券，再將國際債券質押後借出資金，再投資國際債券，如此做套利：假設投資債券平均利率5.5%，質借利率2.5%，將有利差3%（5.5－2.5% ＝ 3%），若第一次購買債券再質借7成再套利一次，將有利差5.1%（5.5－2.5% ＋〈5.5－2.5×0.7〉＝ 5.1%）。

方案二：私人銀行購買投資等級之國際債券美元300萬元，再將國際債券與保單質押借款，付國際保單保費美元200萬元。

　　將香港私人銀行（如圖8-1）[37]帳戶，透過私人銀行購買投資等級之國際債券，再將部份海外國際債券質押後借出款項，付國際保單保費，不足保費部份，以該保單作擔保品（也可先購買國際保單，再以保單現金價值融資8至9成，投資公司債券）。購買投資等級之國際債券US$300萬元，假設可質借6成，則可貸款US$180萬元，另不足保費部份，再以保單作額外擔保品質借US$20萬元付該保單之保費。如下頁圖8-1：A ＋ B ＝ C，即US$180萬元 ＋ US$20萬元 ＝ US$200萬元。

---

37　劉鎮評：2011，銀行在台灣中小企業主財富創造與傳承所扮演之社會意涵，東海大學社會學系博士論文。

# 中小企業主自有資金300萬美金

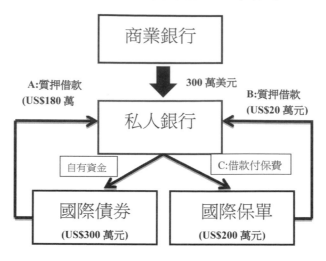

圖8-1　國際金融財富規劃架構

3. A君（第1代）65歲在國際金融中心購買國際萬能人壽保險單，若標準體況約有200%的保額，若A君第2代35歲購買國際萬能人壽保險單，若標準體況約有500%的保額。如此可透過國際金融中心私人銀行運用國際債券與國際保單複製財富，若再加上家族信託則可達家族財富傳承。

規劃利益

1. 在香港或新加坡等國際金融中心之私人銀行操作國際金融，可享受稅賦的優惠。

2. 香港或新加坡等國際金融中心私人銀行操作國際金融，可將高評等國際債券與國際保單可作擔保品，進而複製家族財富。

3. 香港或新加坡等國際金融中心私人銀行，購買國際萬能人壽保險單，依性別不同，30至70歲年紀不同，保額也有不同從1.8至8.5倍不等，要趁著年青提早規劃，才能將生命的價值轉換成財富。

## 香港商業銀行，運用企業主房地產作資產活化，再匯至私人銀行投資國際債券套利創造財富

**（本案例應依當時政府法令為依規）**

**案例背景**

B君（第1代）66歲，經營企業有成，在台北核心地段有一棟350坪別墅夫妻自住外，另二戶電梯大樓（由第2代入住，第2代均已婚年紀分別為34及36歲）分別80坪與100坪，三戶房地產總時價約3億元無設定抵押權。B君將房地產提供給香港商業銀行設定抵押權，借美元500萬元後匯至私人銀行，投資金融商品創造財富。

**規劃目的**

1. 房地產資產活化，直接借外幣貸款作投資金融商品，降低匯率兌換風險。
2. 運用香港國際金融中心資金自由化，稅務優惠等多元化優勢投資金融商品。
3. 國際金融中心香港私人銀行購買國際債券與國際保單及融資等服務。

**規劃步驟**

方案一：將資金購買國際投資等級債券後，再將國際債券質押後借出，再投資國際債券，如此做套利。

香港商業銀行以台灣房地產資產活化，直接借外幣貸款（降低匯率兌換風險）。後匯至香港私人銀行帳戶，透過私人銀行購買國際債券，再將國際債券質押後借出，再投資國際債券，如此做套利；假設債券平均利率5.3%，質借利率2.3%，將有利差3%（5.3%－2.3%＝3%），若第一次購買債券再質借7成套利一次，將可套利5.1%。

**計算式：**

5.3%－2.3%＋【(5.3%－2.3%)×0.7】＝5.1%

方案二：私人銀行購買投資等級之國際債券美元500萬元，再將國際債券與國際保單質借，付國際保單保費美元350萬元

1. 香港商業銀行（如圖8-2）[38]以台灣房地產資產活化，直接借外幣貸款（降低匯率兌換風險）。香港私人銀行帳戶，透過私人銀行購買投資等級之國際債券，再將部份國際債券質押後借出款項US$300萬元，付國際萬能保單保費US$350萬元，不足保費US$50萬元部份，保險公司以該付保費之保單交給私人銀行，作擔保品後撥付不足之保費。假設購買投資等級之國際債券US$500萬元，可質借6成，則可貸款US$300萬元，另不足保費部份，再以保單作額外擔保品質借US$50萬元付該保單之保費。如下圖：A＋B＝C，即US$300萬元＋US$50萬元＝US$350萬元。

---

38　劉鎮評：2011，銀行在台灣中小企業主財富創造與傳承所扮演之社會意涵，東海大學社會學系博士論文。

# 中小企業主500萬美金

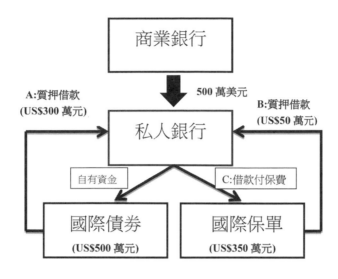

圖8-2　國際金融財富規劃架構

2. B君第1代66歲在國際金融中心購買國際萬能人壽保險單，若標準體況約有190%的保額，若B君第2代34與36歲購買國際萬能人壽保險單，若標準體況約有490～510%的保額。如此可在國際金融中心私人銀行運用國際債券與保單複製財富，若再加上信託則可達家族財富傳承。

3. 本案例因有規劃套利，所以商業銀行的利息，可由私人銀行匯入繳付。

規劃利益

1. 房地產資產活化，直接以境外公司借外幣美元貸款至私人銀行投資，降低匯率兌換風險。

2. 在香港或新加坡等國際金融中心之私人銀行操作國際金融，可享受稅賦的優惠。

3. 香港或新加坡等國際金融中心私人銀行操作國際金融，可將高評等國際債券與國際萬能保單當作擔保品，進而複製家族財富。

4. 香港或新加坡等國際金融中心私人銀行，購買國際萬能人壽保險單，依性別不同，30至70歲年紀不同，保額也有不同從1.8至8.5倍不等，要趁著年青提早規劃，才能將生命的價值轉換成財富。

## 案例 3

### 運用台灣房地產資產活化,至國際金融中心投資國際債券與國際保單套利創造財富(本案例應依當時政府法令為依規)

**案例背景** C君50歲,經營企業有成,在台北核心地段有電梯大樓2戶,另台中市核心地段有1戶電梯大樓。3戶房地產總時價約2億元,無設定抵押權。C君將房地產提供給A境外銀行設定抵押權,借美元450萬元,匯到私人銀行,投資金融商品創造財富。

### 規劃目的

1. 運用香港國際金融中心資金自由化,稅務優惠等多元化優勢投資金融商品。
2. 以台灣的房地產作資產活化,從商業銀行取得資金,匯至私人銀行投資複製財富。
3. 國際金融中心香港私人銀行購買國際債券與國際保單及融資等服務。

### 規劃步驟

方案一:私人銀行將資金購買國際投資等級債券後,再將國際債券質押後借出,再投資國際債券,如此做套利。將台灣不動產透過香港商業銀行借錢,所借的錢再轉匯至私人銀行帳戶,透過私人銀行購買國際債券,再將海外債券質押後借出,再投資國際債券,如此做套利;假設債券平均利率

5.3%，質借利率2.3%，如此債券息與融資利息之差額3%
（5.3%－2.3%＝3%），若第一次購買債券再質借7成套
利一次，如此債券息與融資利息之差額5.1%。

**計算式：**

5.3%－2.3%＋【（5.3%－2.3%）×0.7】＝5.1%

方案二：私人銀行購買投資等級之國際債券美元450萬元，再將國
際債券與保單質借，繳付國際保單保費美元300萬元。

1. 將香港私人銀行帳戶，透過私人銀行購買投資等級之國際債券，
再將部份國際債券質押後借出款項，付國際保單保費，不足保費
部份，再以該付保費之保單再作擔保質押（額外擔保品）後借
款。假設購買投資等級之國際債券US$450萬元，可質借6成，則
可貸款US$270萬元，另不足保費部份，再以保單作額外擔保品
質借US$30萬元付該保單之保費。如下圖：A＋B＝C，即
US$270萬元＋US$30萬元＝US$300萬元。

### 中小企業主有450萬美金

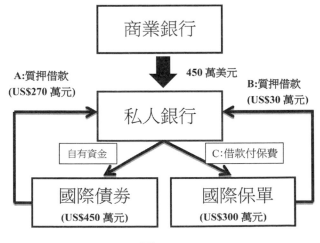

圖8-3

2. C君50歲在國際金融中心購買萬能人壽保險單美元300萬元，若標準體況約有400%的保額，若購買萬能人壽保險單美元300萬元，則保額為美元1,200萬元之保障。如此可在國際金融中心私人銀行運用國際債券與保單複製財富，若再加上信託則可達家族財富傳承。
3. 本案例因有規劃套利，所以商業銀行的利息，可由私人銀行產生的利潤，透過海外所得匯入繳付。

規劃利益

1. 房地產資產活化至國際金融中心之私人銀行投資海外公司債券，手續費可享優惠。
2. 在國際金融中心之私人銀行操作國際金融，若規劃人壽保險，則可享以生命對價值創造保障倍數，課稅後，仍可創造財富傳承下一代。
3. 在香港私人銀行操作國際金融，將可作高評等國際債券與國際保單可作擔保質押標的，也可作投資債券息與融資之間套利與套匯，進而複製家族財富。

## 運用台灣金融資產,至國際金融中心投資國際債券與國際保單套利創造財富（本案例應依當時政府法令為依規）

**案例背景**

中小企業主D君50歲,經營企業有成,102年間在台中處分土地價金5億元。D君將部份新台幣約1.5億元兌換成美元500萬元,匯至香港商業銀行後轉匯到私人銀行,投資金融商品國際公司債,並以公司債質借美元300萬元作國際保單,以生命價值創造財富,D君將訂家族憲法,後代每到30歲時,就須買國際保單美金100萬元,因在30歲時保障倍數高,男性約7.5倍,女性約8.5倍。

### 規劃目的

1. 運用香港國際金融中心資金自由化,稅務優惠等多元化優勢投資金融商品。
2. 以私人銀行彈性,以海外公司債與保單質借複製財富。
3. 國際金融中心香港私人銀行購買國際債券與國際保單及融資套利等服務。

### 規劃步驟

方案一:將資金購買國際投資等級債券後,再將國際債券質押後借出,再投資國際債券,如此做套利。

將台灣的錢由新台幣兌換成美元，再轉匯至國際金融中心之私人銀行帳戶，透過私人銀行購買國際債券，再將國際債券質押後借出，再投資國際債券，如此做套利；假設債券平均利率5.3%，質借利率2.3%，將可作投資債券息與融資之間套利3%（5.3%－2.3%＝3%），若第一次購買債券再質借7成套利一次，將可套利5.1%。

**計算式：**

5.3%－2.3%＋【（5.3%－2.3%）×0.7】＝5.1%

方案二：私人銀行購買投資等級之國際債券美元500萬元，再將國際債券質押擔保品與保單質借款繳付國際保單保費美元350萬元。

1. 將香港私人銀行帳戶，透過私人銀行購買投資等級之海外債券，再將國際債券質押後借出款項，匯付國際保單保費，不足保費部份，再以該付保費之保單再作擔保品質押（額外擔保品）後借款。假設購買投資等級之國際債券US$500萬元，可質借6成，則可貸款US$300萬元付承作人壽保單之保費，不足50萬美元，以該保單質借款繳付保費。如下圖：

# 中小企業主有500萬美金

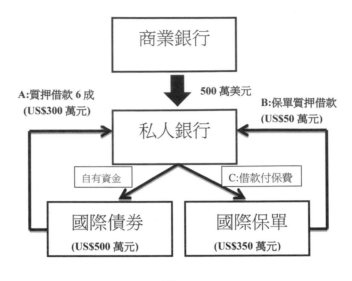

圖8-4

2. D君50歲在國際金融中心購買萬能人壽保險單，若標準體況約有
   400%的保額，當購買美元300萬元，則保額為美元1,200萬元之
   保障。如此可在國際金融中心私人銀行運用國際債券與保單複製
   財富，若再加上信託則可達家族財富傳承。

規劃利益

1. 將台灣的金融資產，透過國際金融中心之私人銀行直接投資海外
   公司債券，不必透過附委託方式購買海外債券，手續費可享優
   惠。

2. 在國際金融中心之私人銀行操作國際金融，若規劃人壽保險，則
   可享以生命對價值創造保障倍數，若繳付稅賦，仍可創造財富傳

承下一代。

3. 在香港私人銀行操作國際金融，將可作高評等國際債券或國際保單可作擔保品質押標的，也可作投資債券息與融資之間套利與套匯，進而複製家族財富。

## 案例 5

### E股份有限公司以海外債券佈局第2本業及操作換匯與外匯選擇權案例（本案例應依當時政府法令為依規）

案例背景　E股份有限公司是公開發行公司，資本額3億元，近3年營業額約16億元，員工約250人，每1員工年營收約640萬元，近3年每股盈餘3至4元間，該工廠之外銷佔90%，該公司製程不斷的創新大量採用機器人代替人工與採精實方案。致業績表現佳。但公司為創造第2本業，將每年盈餘中提撥約美金100萬元，投資高評等公司海外投資等級債券，若經10年就可累積海外債券美金1,000萬元，以5%計算則每年將可穩定配息美金50萬元，如此之現金流創造第2本業，另將外匯所得暫無特定用途之美元，作換匯與外匯選擇權[39]操作，賺取業外收入。

規劃目的

1. 投資國際高評等投資等級公司債券，可控制風險下，獲得穩定配息之現金流。

---

39 選擇權：選擇權（options）是一種契約，其持有人有權利在未來一定期間內（或特定到期日），以約定價格向對方買進（或賣出）一定數量的標的資產（ubderlying asset）。不論買權（call）或賣權（put），它們都可以被買進（long）或賣出（shot），故有4種基本操作方式：買進買權（long call）通常是進口商，是付權利金、賣出買權（shot call）通常是出口商，是收權利金、買進賣權（long put）通常是出口商，是付權利金與賣出賣權（shot put）通常是進口商，是收權利金。

2. 當台幣升值時，將美元與新台幣換匯，等台幣貶值時，再換回美元拋售，增加匯兌收益。

3. 公司在能掌控美元範圍內，作賣出買權之外匯選擇權，賺取權利金，或賣在想賣的價位。

規劃步驟

1. E股份有限公司是公開發行公司，所以投資國際高評等投資等級公司債券，建議另以E公司轉投資境外投資公司，以原幣投資海外債券，因債券價格有漲有跌。若用境外公司投資公司債，在作帳評價時，因債券尚未處份只影響外匯選擇權財報之淨值，而非損益。當市場急速升降息時，若透過子公司作海外公司債投資之評價，才不致於影響公司各年度之損益大幅波動。

2. 所投資之國際公司債券，以評等BBB以上之債券，不投資風險較大之BB以下之非投資等級之債券。投資國際投資等級公司債，假設殖利率5%，則US$1,000萬元，每年現金流（一般每半年配息1次）如下：US$1,000萬元 × 5% = US 50萬元。

3. 換匯：E公司當台幣升值之際，將美元與新台幣換匯，等台幣貶值時，再換回美元拋售，增加匯兌收益。如下案例：111.3.30 US$100萬元，向銀行以1：28換匯新台幣，期間6個月。若6個月後美元兌新台幣匯率為1：30，則E公司就向銀行換回美元後再銀行拋售。如此原111.3.30匯率只1：28，只可賣2,800萬元。當台幣匯率貶至1：30，就可賣3,000萬元，如此就可創造利潤200萬元（3,000萬元－2,800萬元＝200萬元）。

4. 賣出買權之外匯選擇權：E公司是一外銷為主之生產工廠，常因新台幣對美元升值，但又須要以新台幣支付貨款或付工資等，所

以就以美元質借新台幣9成。另也累積不少美元，累積美元部位曾達US$5,000萬元。當扣除換匯與美元提供作擔保品融資外，尚有美元外匯時，就可操作賣出買權之外匯選擇權，其操作方式如下：

例如當握有100萬美元部位時，可操作賣出買權交易。當美元對新台幣匯率1：28時，作100萬美元賣權匯率訂在想要賣的價位，如1：30或1：31，若匯率貶到交割點時才交割，否則就賺其權利金。

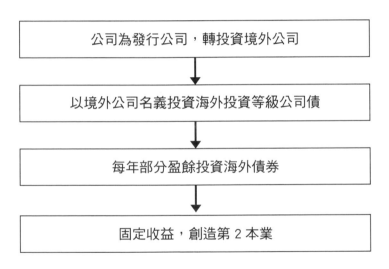

**圖8-5　規劃步驟圖**

規劃利益

1. 銀行以專業角度建議客戶，投資在BBB以上之高評等公司國際債券，它的違約機率較低，風險可控制範圍內，獲得穩定配息之現金流。

2. 當台幣對外幣升值之際，可運用換匯或外幣質借，例如：可將美元與新台幣換匯，等新台幣貶值時，再換回美元拋售，增加匯兌收益。

3. 在美元部位內，作賣出買權之外匯選擇權，賺取權利金，或賣在想賣的價位，可增加公司的盈餘。

4. 以上規劃與執行均需要向銀行申請額度，且專業協助與建議客戶下，客戶才可賺到錢，銀行也可增加收入，創造雙贏。

## 案例 6

### 高資產人士以分期繳方式，規劃國際海外萬能保單，用生命價值，創造財產（本案例應依當時政府法令為依規）

**案例背景** A君為上市公司高階主管45歲，A君夫人家管，第2代15與17歲，在大都會區擁有2房，台灣購有醫療保險。為給家人更高保障，以生命價值創造財產，規劃國際萬能保單保額200萬美元，以15年分期繳方式。

規劃目的

1. 高資產人士，為給家人保障，以生命價值創造財產。
2. 高資產人士，為符合個人規劃效益，以分期繳方式，購買高保障之國際萬能保單。
3. 家庭支柱，在能力範圍內，以分期繳人壽保險保費，保障人身風險。

規劃步驟

1. A君為上市公司高階主管45歲，年所得約180萬元，A君夫人係家管，第2代15與17歲。因A君係家庭所得主要來源，所以有人身風險，因是上班職，收入穩定，不想以資產活化方式，向銀行借錢投資，產生負債壓力，是故，規劃以每年收入的一部份規劃人身保險，選擇15年分期繳之高保額國際萬能保單。

2. A君45歲,規劃200萬美元高保額國際國際萬能保單,15年分期
   繳,每年需繳費約3萬美元,若A君不幸往生,則可獲保險理賠
   200萬美元。

3. 視各保單規劃不同,當繳費15年後,每年仍以複利陸續增值,
   超過20年就沒解約費用,要保人若需用錢則可選擇在現金價值
   內質借9成或解約。

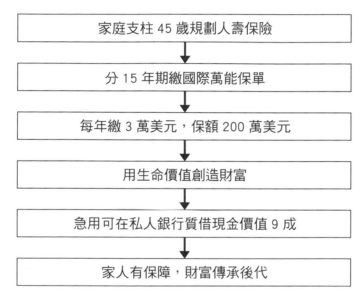

**圖8-6　規劃步驟圖**

規劃利益

1. 為給家人保障,規劃以分期繳方式,購買高保障之國際萬能保
   單。

2. 生命價值創造財產,越年輕保費越低,相對保額高。人壽保險是
   以人的壽命創造財富,傳承給後代。

3. 高資產人士,家庭支柱,在能力範圍內規劃人壽保險,給家人有
   保障。

## 將境外之外幣存款，以期繳方式，留愛不留債，規劃國際萬能保單，用生命價值，創造財產

**（本案例應依當時政府法令為依規）**

**案例背景** A君從事國際貿易30幾年，年紀60歲，A君夫人家管。夫妻多是再婚，各自有婚前小孩，在大都會區擁有3房（每戶多有高額貸款約2,000萬元），已購有醫療保險。A君為給夫人更高保障，用生命價值創造財產，規劃國際萬能保單保額200萬美元，以15年分期繳方式。

**規劃目的**

1. 高資產人士，為給家人保障，以生命價值創造財產。
2. 高資產人士，以每年分期繳方式，購買高保障之國際萬能保單。
3. 家庭支柱，在能力範圍內，以分期繳人壽保險保費，保障人身風險。

**規劃步驟**

1. A君從事國際貿易30幾年，年紀60歲，A君夫人係家管。因A君係家庭所得主要來源，所以有人身風險，是故，規劃以每年收入的一部份規劃人身保險，選擇15年分期繳之高保額國際萬能保單。

2. A君60歲，規劃200萬美元高保額國際國際萬能保單，15年分期

繳，每年需繳費約6.5萬美元（保費標準依體檢後判定體況等級作調整），若Ａ君不幸往生，則可獲保險理賠200萬美元，留愛不留債務，以理賠金償還所積欠之房貸，且人壽保險不受遺產稅分配的規範，才不會為繼承遺產不愉快。

3. 視各保單規劃不同，當繳費15年後，每年仍以複利陸續增值，超過20年就沒解約費用，要保人若需用錢則可選擇在現金價值內質借9成或解約。

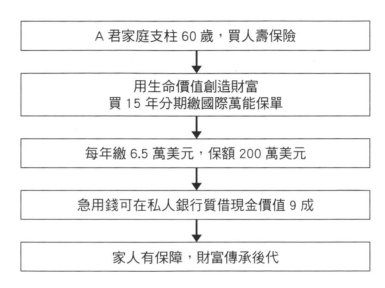

**圖8-7　規劃步驟圖**

規劃利益

1. 為給家人保障，規劃每年分期繳方式，購買高保障之國際萬能保單。

2. 以生命價值創造財產給所愛的人。

3. 高資產人士，家庭支柱，在能力範圍內規劃人壽保險，給家人有保障。

## 案例 8

### 企業透過國際萬能壽險留才計劃（本案例應依當時政府法令為依規）

案例背景　客戶簡介：B君是甲股份有限公司的董事長兼首席執行官，該公司是一家在越南上市的塑料製造公司。甲公司的核心管理團隊由五名高階主管組成，每位高階主管都在公司工作了十多年，並通過層級晉升到關鍵職位。在B君的領導下，甲公司收購了亞洲的幾家競爭對手，並在此期間實現了每年超40%的業績增長。B君有兩個兒子，他們最近在家族企業中十分活躍。

規劃目的

1. 透過國際高評等保險公司提供關鍵人物之高階主管投保高保額萬能壽險留才計劃。
2. 該事業體（甲公司）掌握保單的所有權，並提供高階主管（企業人才）在退休時，將保單轉讓給他們的選擇權，達成創造雙贏共榮互利的目標。
3. 該公司財務上的保護後，讓B君不僅獲得了安心，更能將精力專注於企業的蓬勃發展。

規劃步驟

## 一、需求／目標

B君意識到甲公司能有今日的茁壯，來自於核心管理團隊中每

一位高階主管的貢獻，若是失去這些高階主管中的任何一位，都將會阻礙公司的競爭力。

經過了這番思維，B君認為甲公司有著重要的規劃及目標需要解決：

1. 財務保護：確保有足夠的流動資金，因應在高階主管（企業人才）意外離世而尚未能恢復正常業務運轉的情況下，維持公司的正常運作。
2. 業務延續：提供企業重新建構人才庫以穩健業務發展所需的財務支持，用財務實力延攬人才。
3. 高階主管（企業人才）福利：在高階主管（企業人才）退休時，將企業的保單變更受益人為該退休之高階主管，對重要幹部為企業奉獻，在退休時提供給高階主管退休福利。

## 二、建議的解決方案

- B君的財務顧問建議透過國際高評等保險公司提供關鍵人物高額萬能壽險留才計劃。
- 根據B君的目標，萬用壽險應為合適的解決方案。

## 三、留才計劃建置過程

1. 核定留才計劃數額：每一高階主管500萬美元保額的國際保單
2. 進行留才對象的體況檢測
3. 齊備相關送審文件
4. 核定契約受理及付費
5. 甲公司成功建構企業經營防護網及高階主管退休財務保障

## 四、結果

1. 甲公司透過成立於越南境外的商業機構作為每份保單的所有者和受益人,該商業機構掌握保單的所有權,並提供高階主管(企業人才)在退休時,將保單轉讓給他們的選擇權,達成創造雙贏共榮互利的目標。

2. 公司的基業長青得到財務上的保護後,讓B君不僅獲得了安心,更能將精力專注於企業的蓬勃發展。

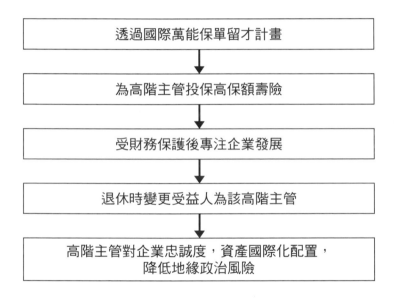

**圖 8-8　規劃步驟圖**

規劃利益

## 一、經過規劃後,本方案對高階主管(企業人才)產生了積極影響,包括:

1. 增加事業發展的安全感,因為他們知道雇主已經採取了措施,以

確保公司的安全性。

2. 退休生活的保全讓高階主管，提高對企業的忠誠度。

3. 資產國際化的配置降低地緣政治的風險，以及國際金融市場動盪的財務影響。

## 二、額外效益

甲公司為每一位高階主管（企業人才）準備一份價值500萬美元保額的國際保單，而該保單具備更換「要、被保險人」的功能，這表示該保單將能成為高階主管的傳家之寶，讓這份愛世代綿長。

案例 9

## 海外經商高資產人士透過私人銀行投資國際債券及金融資產活化，購買國際萬能壽險及信託機制傳承後代（本案例應依當時政府法令為依規）

案例背景　一位擁有跨國公司的 58 歲男性：Ａ企業主，多年在海外累積經商收益 2,000 萬美元，並將資金存放在知名國際商業銀行。由於企業主未積極的理財安排，故銀行經理在溝通未果後，提出關閉帳戶建議。

美國家族辦公室經過與Ａ企業主的溝通，了解Ａ企業主並非不願意積極管理資產，而是期望在投資受益的同時也能保全資產的安全性。因此美國家族辦公室建議Ａ企業主到新加坡開立國際私人銀行帳戶，建立投資的部位，同時規劃一份保全資產的國際保單。

規劃目的

1. 將現金資產投資國際投資等級債券，再加以該債券活化購買國際保單。
2. 透過國際保險，將第1代與第2代以生命價值創造財產。
3. 透過私人銀行投資國際高評等債券，換匯與套利產生固定收益。另透過國際高評等債券與國際保單加以資產活化，創造高保額國際保險資產。
4. 成立備用信託，若干年後實現保險利益時，自動轉為標準信託，有保障且可降低信託費用。

## 一、執行程序：

1. 將存於國際商業銀行的2,000萬美元移轉到新加坡國際私人銀行。

2. 分批配置投資等級國際債券2,000萬美元。以此配置獲取每年約5%年配息的固定收益，預期2,000萬美元×5%＝100萬美元的年收益。

3. 同時規劃保額3,500萬美元的國際保單，透過保險建立確定的金融資產。該國際保單的躉繳保費為957萬美元，該筆款項將由國際私人銀行（以配置之國際債券質押）全額融資支付，該保險資產的保單也同時設定抵押給私人銀行。

## 二、執行成本分析：

　　執行配置2,000萬美元債券與第1代躉繳957萬美元國際保單（保額3,500萬美元），該購買保單部分的資金，係透過私人銀行以債券質押取得融資，該融資需支付融資利息，若以借瑞士法朗計算的貸款利率為2.5%，則957萬美元×2.5%＝24萬美元的年利息支出（幣別間轉換，有匯率風險，仍請投資者洽金融專業人員建議後定奪）。因已有配置投資等級國際債券2,000萬美元，以此配置高評等國際債券獲取每年約5%年配息的固定收益，預期2,000萬美元×5%＝100萬美元的年收益。如此債券收益扣除貸款利息還結餘76萬美元。

**計算式：**

債券收益100萬美元－貸款利息24萬美元＝76萬美元

## 三、執行效益：

1. 100萬美元之年收益減去24萬美元年利息支出＝76萬資產配置淨收益，76萬淨收益除以本金2,000萬＝實際每年投資報酬率為3.8%。

2. 另為A企業主（第1代）以生命價值創造保額3,500萬美元的國際保險資產。

## 四、額外規劃：

　　A企業主很滿意這樣資產配置的安排，並為他的三位女兒（第2代）進行一樣的計畫，各配置1,000萬美元保額的保單。這三份國際保單的躉繳保費合計為153萬美元（29歲女兒保費是$547,352、兩位26歲雙胞胎女兒保費各是$495,034。），三份保單躉繳保費同樣由國際私人銀行全額融資支付，而除A企業主提供之債券設質之擔保外，該三份保險資產的保單價值金也設定抵押給私人銀行。

## 五、結論：

1. 本案總計執行配置2,000萬美元債券與躉繳957萬（第1代）＋153萬（第2代）＝1,110萬美元保費的國際保單，如此（第1、2代）以生命創造保額6,500萬美元的國際保險資產。

2. 分批配置債券及（第1、2代）4張躉繳保費總計3,110萬美元，超過2,000萬美元本金的部分，支付融資利息1,110萬美元×2.5%＝27.75萬美元的利息支出（參考2023年利率，2.5%是以借瑞士法朗計算，匯率變數不考慮，匯率升貶有可能增加或減少收益。）。

3. 債券息收益100萬美元－27.75萬美元利息支出＝72.25萬美元資產淨收益，72.25萬美元除以本金2,000萬美元＝每年報酬率為3.61%。

4. 債券資產2,000萬美元每年產生淨報酬72.25萬美元（扣除第1、2代薹繳保費融資利息），同時創造6,500萬美元的國際保險資產。

## 六、後續延伸安排：

　　A企業主成立新加坡備用信託，將6,500萬美元的保險資產受益人改為備用信託。若干年後實現保險利益時，備用信託將自動轉為標準信託，家族年度聚會費用、家族成員就學補助、甚至家族成員創業支持金……等，都將按照委託人（A企業主）的意志，由信託支付給受益人，照顧大家長關愛的每一位家族成員，為家族資產保駕護航！

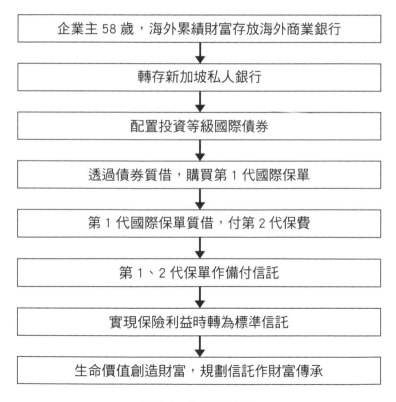

**圖8-9　規劃步驟圖**

1. 將現金資產 2,000 萬美元透過私人銀行投資國際投資等級債券，該債券資產加以活化購買國際保單。

2. 第 1 代與第 2 代以生命價值創造高保額 6,500 萬美元的國際保險資產。

3. 2,000 萬美元現金資產，透過投資債券，換匯與套利每年產生報酬 72.25 萬美元，同時創造 6,500 萬美元的國際保險資產。

4. 成立備用信託（符合經濟效益）：將 6,500 萬美元的保險資產受益人透過備用信託，若干年後實現保險利益時，備用信託將自動轉為標準信託作財富傳承。

案例 10

**中小企業主以海外經商所賺的部份資金,規劃國際海外萬能保單,分15年分期繳方式,用生命價值創造財富給家人之理賠案例**（本案例應依當時政府法令為依規）

案例背景　J君海外經商之電子科技中小企業主,J君51歲,J君夫人家管,第2代20與22歲,在大都會區擁有2房,台灣購有醫療保險。為給家人更高保障,以生命價值創造財富,J君生前曾向Manulife Global Indexed UL購買保額2,042,026美元,以15年分期繳方式,每年繳保費5萬美元,因J君有吸煙,經身體檢查後評定為優惠吸煙費率等級,保單發行日為2022.3.31,繳付兩期保費合計10萬美元後,不幸於2023.5.9因胃癌死亡,後來家人在2023.5.19透過美國家族辦公室向宏利保險公司百慕達申請理賠,於2023.8.7理賠支付理賠金額2,045,833.38美元（含理賠利息3,807.38美元）。

規劃目的

1. 中小企業主為給家人保障,以生命價值創造財富。
2. 中小企業主為符合個人規劃效益,以分期繳方式,購買高保障之國際萬能保單。
3. 家庭支柱,在能力範圍內,以分期繳人壽保險保費,保障人身風險。

1. J君為電子科技中小企業主，51歲，J君夫人家管，第2代20與22歲。因J君係家庭所得主要來源，所以有人身風險，為給家人更高保障，以生命價值創造財富，是故，向Manulife Global Indexed UL購買高保額國際國際萬能保單，規劃保額2,042,026美元，以15年分期繳方式，每年繳保費5萬美元，因J君有吸煙，經身體檢查後評定為優惠吸煙費率等級，保單發行日為2022.3.31，保單內容如下。

2. 保單內容：

   產品類型：MUGIL 21

   評級類別：優惠吸煙者

   保單發行日期：2022年3月31日

   發行年齡：51歲

   保額：US$2,042,026元

   計劃年繳保費：15年

   初始保費：US$50,000元（於2022年3月31日支付）

   續繳保費：US$50,000元（於2023年4月3日支付）

   總繳保費：US$100,000元

3. J君不幸於2023.5.9因胃癌死亡，2023.5.19美國家族辦公室向宏利保險公司百慕達申請理賠，於2023.8.7理賠支付理賠金額2,045,833.38美元（含理賠利息3,807.38美元）。

4 理賠流程：

   死亡日期：2023年5月9日

   死亡日期：胃癌

美國家族辦公室通知宏利百慕達日期：2023年5月12日

受益人理賠表格簽署日期：2023年5月19日

美國家族辦公室提交死亡理賠聲明表格日期：2023年5月22日

可爭議審查完成日期：2023年7月28日

預計支付日期：2023年8月4日

實際支付日期：2023年8月7日

理賠支付信函收到日期：2023年8月8日

理賠金額：2,042,026美元

理賠利息：3,807.38美元

理賠利息率：0.75%

總匯款金額：2,045,833.38美元

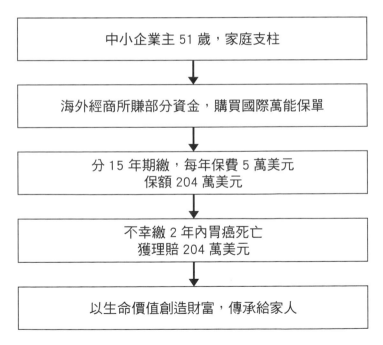

**圖8-10　規劃步驟圖**

1. 為給家人保障，規劃以每年分期繳付方式，購買高保障之國際萬能保單。

2. 生命價值創造財產，越年輕保費越低。人壽保險是以人的壽命創造財富，傳承給後代。

3. 中小企業主是家庭支柱，在能力範圍內規劃人壽保險，給家人有保障。

4. 國際保單的缺點是保單之壽險未經審查所以理賠須至海外辦理。

## 高資產人士以分期繳方式，規劃第2代國際分紅保單，用生命價值，創造財產（本案例應依當時政府法令為依規）

**案例背景**　A君（第1代）68歲，從事國際貿易，在海外有美元存款，自己有規劃保險作傳承，另分別為第2代（35與46歲）作保險規劃，以生命價值創造財產，規劃國際分紅保單保額200萬美元，以10年分期繳方式。

### 規劃目的

1. 高資產人士第2代年青，保障倍數高，以生命價值創造財產。
2. 為符合個人規劃效益，以分期繳方式，購買高保障之國際分紅保單。
3. 在能力範圍內，以分期繳人壽保險保費，保障人身風險，財富傳承至第3代。

### 規劃步驟

1. A君為高資產人士，自己與第2代有規劃國內分期繳之高保障傳承保單，在最低稅賦制度每一申報戶3,740萬元免稅。另運用在國外存款，至國際金融中心購買高保障之國際分紅保單，因第2代年輕，保障倍數高，以生命價值創造財產。
2. 各規劃200萬美元高保額國際分紅保單，10年分期繳，每年因年

紀分別為35歲與46歲,所繳費分別為4.2與8.2萬美元,若在繳費期限內不幸往生,則各可獲保險理賠200萬美元。

3. 視各保單規劃不同,當繳費10年後,每年仍以複利陸續增值,超過20年就沒解約費用,要保人若需用錢則可選擇在現金價值內質借9成或解約。

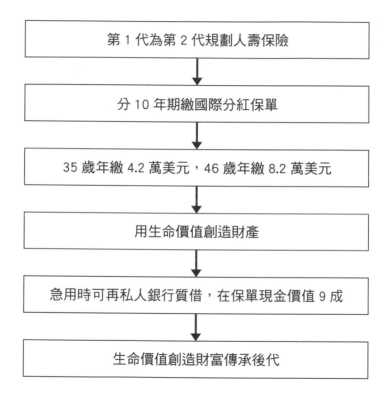

第1代為第2代規劃人壽保險

↓

分10年期繳國際分紅保單

↓

35歲年繳4.2萬美元,46歲年繳8.2萬美元

↓

用生命價值創造財產

↓

急用時可再私人銀行質借,在保單現金價值9成

↓

生命價值創造財富傳承後代

**圖8-11　規劃步驟圖**

規劃利益

1. 為給家人保障,規劃以分期繳方式,購買高保障之國際分紅保單。

2. 生命價值創造財產，越年輕保費越低，相對保額高。人壽保險是
以人的壽命創造財富，傳承給後代。

3. 高資產人士，在能力範圍內為第2代提早作人壽保險規劃，給後
代有保障。

## 編者的話

本書個案與論述僅供參考之用，並不構成要約、招攬或邀請、誘使或任何建議及推薦。讀者務請運用個人獨立思考能力，自行決定資產活化、投資及財富傳承規劃範疇，凡投資必有風險，仍應審愼評估爲宜。所有見解仍是作者以學者立場陳述淺見，所有投資取向與財富傳承規劃，仍應依我國最新相關法令爲依規。

**國家圖書館出版品預行編目(CIP)資料**

富腦袋高資產：財富創造與財富傳承／劉鎮評著.
-- 初版 . -- 臺中市：晨星出版有限公司，2024.05
　面；　公分

ISBN 978-626-320-842-1（精裝）

1.CST: 財務管理

494.7　　　　　　　　　　　　　　113005594

# 富腦袋高資產：
# 財富創造與財富傳承

作　　者：劉鎮評
E - m a i l：Liou6506@gmail.com
封面設計：劉梓儀、豐禾形象策略有限公司
校　　對：劉淵澄

創 辦 人：陳銘民
發 行 所：晨星出版有限公司
　　　　　臺中市 407 工業區 30 路 1 號
　　　　　TEL：(04)23595820　FAX：(04)23550581
　　　　　E-mail：service@morningstar.com.tw
　　　　　http：//www.morningstar.com.tw
　　　　　行政院新聞局局版臺業字第 2500 號
法律顧問：陳思成 律師
讀者專線：(04)23595819 # 212
承　　製：知己圖書股份有限公司

出版日期：2024 年 5 月初版
I S B N：978-626-320-842-1
定　　價：NTD $520 元